Hans-Jürgen Kratz

Stolpersteine in der Mitarbeiterführung

Hans-Jürgen Kratz

Stolpersteine in der Mitarbeiter- führung

So werden Sie vom Erfolgsbremser zum Erfolgssteigerer

Bibliografische Informationen der Deutschen Bibilothek

Die Deutsche Bibliothek verzeichnet diese Publikation in der Deutschen Nationalbibliografie; detaillierte bibliografische Informationen sind im Internet über http/dnb.ddb.de abrufbar

ISBN 978-3-86936-012-6

Lektorat: Uta Graßhoff, Offenbach a. M.
Umschlaggestaltung: Martin Zech Design, Bremen | www.martinzech.de
Satz und Layout: Zerosoft, Timisoara, Rumänien
Druck und Bindung: Salzland Druck, Staßfurt

www.gabal-verlag.de

Inhalt

Vorwort

Obwohl Sie sich redlich bemühen, Ihrer Führungsverantwortung gerecht zu werden, beschleicht Sie gelegentlich ein ungutes Gefühl? Erfolge stellen sich nicht in dem gewünschten Ausmaß ein? Hin und wieder bemerken Sie Sand im Getriebe Ihres Zuständigkeitsbereichs? Bisweilen bereiten Ihnen Erfolgsbremser schlaflose Nächte? Sie haben das Gefühl, manches besser machen zu sollen – wissen aber nicht, was zu tun ist?

Aus vielen Gesprächen, die ich in mehr als 200 geleiteten Führungsseminaren geführt habe, konnte ich das ernsthafte und intensive Bemühen zahlreicher Vorgesetzter erkennen, ihre Führungsqualifikation zu erweitern und zu vertiefen. Dabei wurden häufig betriebliche Situationen genannt, in denen sich Vorgesetzte führungsmäßig unsicher oder überfordert fühlen. Diese im Laufe der Zeit von mir gesammelten – oft genug für Vorgesetzte und Mitarbeiter unangenehmen – Situationen bilden die Basis für dieses Buch.

Im ersten Teil des Buches kehren Sie nach dem Motto „Nobody is perfect" zunächst vor Ihrer eigenen Tür, indem Sie Ihr Führungsverhalten hinterfragen und Ihre persönlichen Stolpersteine identifizieren. Darüber hinaus machen Sie im zweiten Teil Verhaltensweisen Ihrer Mitarbeiter dingfest, die Ihnen das Leben erschweren und als Erfolgsbremser Arbeitsergebnisse behindern. Die dargestellten Stolpersteine, Fallstricke und Erfolgsbremser werden kommentiert und mit Detail- und Hintergrundinformationen, Handlungsanstößen und Bewältigungsstrategien ergänzt, sodass Sie künftig behindernde Erfolgsbremser aus dem Weg räumen und durch beflügelnde Erfolgsförderer ersetzen können.

Setzen Sie diese Empfehlungen in die Praxis um, können Sie mit wesentlichen Verbesserungen in Ihrem Führungsverhalten rechnen. Ob die hier beschriebenen Maßnahmen allerdings in ausnahmslos jedem Fall das gewünschte Ergebnis zeitigen, ist wegen der Verschiedenartigkeit der Situationen vor Ort und der Individualität der beteiligten Personen fraglich. Auch wenn Sie alle angebotenen Bewältigungsstrategien dieses Buches eins zu eins in Ihre Führungspraxis übertragen, bleibt dennoch ein Restrisiko, weil es keine allgemeingültigen und hundertprozentig zutreffenden Regeln in der Mitarbeiterführung gibt.

Zu Gunsten einer besseren Lesbarkeit beschränke ich mich in diesem Buch auf die männliche Form (z.B. der Vorgesetzte, der Mitarbeiter). Ich bitte die Leserinnen, sich dennoch von den Ausführungen angesprochen zu fühlen.

Hans-Jürgen Kratz
www.personaltraining-kratz.de

Teil 1
Eigene Stolpersteine identifizieren

1. Sie bereiten sich nicht auf die Übernahme der neuen Führungsposition vor

Im Regelfall stellt die Übernahme der neuen Führungsposition einen seit langem angestrebten Neuanfang dar, und wahrscheinlich ist das auch bei Ihnen so. Aber dieser Neuanfang ist mit einer Vielzahl von Unwägbarkeiten verbunden, die Ihnen zu Beginn möglicherweise das Leben schwer machen – und auf die Sie gut vorbereitet sein sollten. Das sollte auch Ihr neuer Vorgesetzter wissen und dementsprechend handeln. Verantwortungsbewusste Betriebe regeln den organisatorischen Ablauf der Einführung neuer Mitarbeiter in das künftige Arbeitsumfeld mit einem individuell auf den Neuzugang zugeschnittenen Einführungsprogramm (siehe Seite 137).

Bedauerlicherweise hat nicht jeder Neuling das Glück, mittels eines speziellen Einführungsprogramms die ersten Gehversuche durchzuführen. Das Fehlen eines Einführungsprogramms können Sie eher verschmerzen, wenn es für Sie einen Mentor gibt. Hier handelt es sich zumeist um ein hierarchisch höher stehendes Firmenmitglied, das als ständiger Ansprechpartner zur Verfügung steht und Ihnen hilft, sich möglichst schnell in Ihr neues Arbeitsumfeld zu integrieren.

Unterstützung durch Mentor

Auch, wenn für Sie ein maßgeschneidertes Einführungsprogramm erarbeitet wurde oder Sie die Hilfestellung durch einen Mentor während der Anfangsphase im Betrieb nutzen können, sollten Sie eine Checkliste aufstellen, mit deren Hilfe Sie alle wichtigen Punkte in der Vorbereitungs- und Anfangsphase abarbeiten können. Folgende Aspekte könnten für Sie wichtig sein:

Checkliste

❏ Ich muss die aktuelle Stellenbeschreibung für meine Position auswerten, damit keine Zweifel über die mir obliegenden Aufgaben, Kompetenzen und meine Verantwortung aufkommen.

❏ Muss ich mir noch zusätzliches fachliches Know-how aneignen, um den Anforderungen der neuen Stelle in vollem Umfang gerecht werden zu können? Wenn ja, auf welchem Wege?

❏ Mit welchen Besonderheiten im neuen Wirkungsbereich muss ich mich näher auseinandersetzen?

❏ Ich muss mich mit der Organisationsstruktur des Unternehmens und meines Arbeitsbereiches beschäftigen.

❏ Gibt es Teilnahmemöglichkeiten an betrieblichen Einführungsveranstaltungen oder Betriebsbesichtigungen, kann ich vorhandene Einführungsschriften auswerten?

❏ Welche mir neuen Sicherheitsbestimmungen sind zu beachten?

❏ Gibt es eine Unternehmensphilosophie, gibt es Führungsgrundsätze, gibt es eine Betriebsordnung?

❏ Welche betrieblichen Ziele sind von meinem Zuständigkeitsbereich zu erreichen?

❏ Ich muss den neuen Mitarbeitern, den Kollegen und sonstigen wichtigen Ansprechpartnern vorgestellt werden.

❏ Ich muss Stellenbeschreibungen sowie aktuelle Zielvereinbarungen meiner Mitarbeiter durchsehen.

- Mit welchen Betriebsstellen muss ich bald näheren Kontakt aufnehmen?
- Mit meinen Mitarbeitern muss ich bald nach der Antrittsrede (siehe Seite 18) vertrauensvolle Einzelgespräche zum besseren Kennenlernen führen.
- Sind neue Schwerpunkte zu setzen und modifizierte Ziele mit den Mitarbeitern zu vereinbaren?
- Ist der Informationsfluss ausreichend, so dass ich die erforderlichen Informationen für mein Aufgabengebiet rechtzeitig erhalte?
- Sind bestimmte Gruppennormen zu beachten (siehe Seite 159), sind informelle Gruppen erkennbar, gibt es möglicherweise einen informellen Führer (siehe Seite 159)?
- Welche als notwendig erkannten Änderungen müssen ohne Hektik und ohne Knirschen vorrangig realisiert werden (siehe Seite 168)?
- Ist mein Arbeitsplatz optimal organisiert? Muss ich bald delegieren (siehe Seite 112)?

Aber trotz einer guter Vorbereitung ist dennoch Vorsicht geboten: Solange Sie keinen „festen Boden" unter Ihren Füßen verspüren, halten Sie sich zurück. Selbst wenn im neuen Betrieb gegen wichtige Grundsätze verstoßen wird und Sie nach Ihren Beobachtungen zu dem Ergebnis gelangen, dass Betriebsblindheit und Denken in eingefahrenen Gleisen den Betriebserfolg schmälern, bleiben Sie ruhig. Vertreten Sie zu früh Ihre Meinung, kommen die etablierten Betriebsangehörigen möglicherweise auf die Idee, Ihnen erst einmal die Flügel zu stutzen. Schnell wären Sie abqualifiziert, sodass sich die Firma entschließen könnte, sich doch noch einige Zeit ohne Sie durchzuschlagen. Erst wenn Sie alle Einzelheiten und Besonderheiten des neuen beruflichen Umfeldes beurteilen können, sprechen Sie die eine oder andere Unzulänglichkeit an und sorgen für eine Situationsverbesserung.

Zurückhaltung statt Vorpreschen

Auf den Punkt gebracht

Bevor Sie mit vollem Elan in Ihren neuen Verantwortungsbereich einsteigen, arbeiten Sie schnellstens die von Ihnen nach vorstehenden Gesichtspunkten aufgestellte Checkliste ab. Auch wenn es Sie „in den Fingern juckt", sollten Sie zunächst als Lernender in der neuen Umgebung auftreten, nicht gleich zu forsch als Alleswisser, Übergescheiter und Unternehmensberater. Befolgen Sie besser die Empfehlung des Dichters August Graf von Platen: „Bemerke, höre, schweige, urteile wenig, frage viel."

Lassen Sie sich aber auch nicht aus falscher Bescheidenheit an die Wand drücken. Bleiben Sie bei Meinungsverschiedenheiten – wenn Sie von der Richtigkeit Ihrer Auffassung überzeugt sind – in der Sache hart, im Auftreten jedoch verbindlich.

2. Sie stellen die Schwerpunkte für die künftige Zusammenarbeit nicht vor

Der neue Vorgesetzte wird vom Abteilungsleiter offiziell begrüßt und seinen Mitarbeitern vorgestellt. Nach einigen Anmerkungen zum beruflichen Vorlauf endet die formelle Übertragung der neuen Funktion mit guten Wünschen für viel Freude und Erfolg. Danach gehen alle zur Tagesordnung über …

Der Neue stürzt sich sogleich Hals über Kopf in seine Arbeit, um möglichst bald über das betriebsspezifische Know-how zu verfügen und die Zügel in die Hand nehmen zu können. Ob damit aber die Weichen für eine intensive Zusammenarbeit zielführend gestellt sind?

Der neue Vorgesetzte – das unbekannte Wesen

Betrachten wir die Mitarbeiter, die sich mit einem neuen Vorgesetzten zu arrangieren haben. Der Neue ist das „unbeschriebene Blatt", dem man möglicherweise vorsichtig, zögerlich und abwartend gegenübertritt, gelegentlich aber auch devot oder gar herausfordernd bis nassforsch. Die anfängliche Verunsicherung resultiert – oft unbewusst – aus einer Fülle unbeantworteter Fragen, so beispielsweise:

- Was ist der Neue für ein Mensch?
- Welche Werte vertritt er?
- Welche Ziele verfolgt er?
- Wie „tickt" der Neue?
- Wie stellt sich der Neue die künftige Zusammenarbeit vor?
- Was wird sich für mich ändern?
- Was wird künftig von mir erwartet?
- Wie sollte ich mich auf den neuen Vorgesetzten einstellen?
- Wie wollen wir miteinander umgehen?

In der Praxis lässt sich häufig zu Beginn der Zusammenarbeit eine Phase des Kräftemessens zwischen etablierten Mitarbeitern und neuem Vorgesetzten beobachten, gewissermaßen ein „Armdrücken", das meist sehr vorsichtig und daher auch oft auf den ersten Blick kaum erkennbar ist. Es soll die Schmerzgrenze des neuen Vorgesetzten ausgelotet werden, man will herausbekommen, wie weit man bei ihm gehen kann. Jeder Mitarbeiter bemüht sich auf seine spezielle Weise um entsprechende Informationen, welche die Basis für sein Auftreten dem Vorgesetzten gegenüber bilden. Dieses häufig vorsichtige Abtasten kann sich über Wochen oder gar Monate hinziehen. Dabei kommt es auf dem Weg hin zu einer halbwegs richtigen Einschätzung der neuen Situation oft zu behindernden Irritationen.

Mitarbeiter brauchen Informationen

Womit lassen sich mögliche Unsicherheiten zu Beginn einer Zusammenarbeit reduzieren bzw. vermeiden?

Mitarbeiterbesprechung

Für Sie als neuen Vorgesetzten ist es von entscheidender Bedeutung, Ihren Mitarbeitern Ihre Ziele zu vermitteln und ihnen darzustellen, wie Sie sich eine erfolgreiche Zusammenarbeit vorstellen. Zeigen Sie kurz nach Übernahme der

Führungsfunktion den neuen Mitarbeitern in einer Mitarbeiterbesprechung Ihren klaren Kurs auf, den Sie zu steuern beabsichtigen. Hierbei geht es nicht um fachliche Neuerungen, organisatorische Veränderungen oder die Klärung von Kompetenzen. Zu diesen Fragen sollten Sie sich erst dann sachkundig äußern, wenn Sie sich einen detaillierten Überblick verschafft haben.

> Vordergründiges Ziel einer ersten Mitarbeiterbesprechung sollte sein, das zwischenmenschliche „Miteinander-warmwerden" zu fördern und grundlegende Informationen zu geben, die von Beginn an zu einer gedeihlichen Zusammenarbeit beitragen sollen.

Die Antrittsrede

Führungswillen zeigen

Ihr Einstieg als Vorgesetzter soll dem Team eine neue Dynamik geben und mit einem gemeinsamen Aufbruch zu neuen Zielen verbunden sein. Da sich diese Ziele nicht von selbst realisieren, geben Sie mit Ihrer Rede den Startschuss. Damit stellen Sie von Beginn an (allerdings ohne Übertreibungen) dar, dass Sie der Chef sind und machen schnell und nachhaltig Eindruck. Klare Ansagen erleichtern allen Beteiligten die Orientierung und geben Auskunft, was vorgesehen ist und wie diese Vorhaben durchgesetzt werden sollen.

Checkliste

Zur Auswahl für eine maßgeschneiderte Antrittsrede werden folgend einige Punkte angeboten. Kreuzen Sie diejenigen an, die Sie in Ihrer Rede ansprechen wollen.

- ❏ Persönliche Vorstellung
- ❏ Führungsstil, den Sie praktizieren möchten
- ❏ Wichtigkeit von Vertrauen für die Zukunft
- ❏ Bisher Kollege – jetzt Vorgesetzter

- ❏ Anerkennung der Spezialisten
- ❏ Unterstützung bei Fortbildung der Mitarbeiter
- ❏ Bemühen, alle Mitarbeiter gleich zu behandeln
- ❏ Bei abweichenden Auffassungen nach bester Lösung suchen
- ❏ Einbeziehen in Entscheidungen
- ❏ Angst vor Veränderungen abbauen
- ❏ Wichtigkeit guter Informationsflüsse
- ❏ Festlegen fester Zeiten für Mitarbeiterbesprechungen
- ❏ Notwendigkeit von Kontrollen
- ❏ Anerkennung bei guten Leistungen
- ❏ Kritik in konstruktiver Form
- ❏ Kritik auch am Vorgesetzten
- ❏ Effiziente Nutzung der Arbeitszeit
- ❏ Kein Aufschieben von Arbeiten
- ❏ Eigene Ansprechbarkeit
- ❏ Umgang mit Konflikten und Mobbing
- ❏ Angebot als Vermittler bei Konflikten
- ❏ Persönliche Probleme der Mitarbeiter
- ❏ Rückkehrgespräche nach längerer Abwesenheit
- ❏ Folgende individuelle Kennenlerngespräche

Nichts ist selbstverständlich

Sie wählen aus der vorstehenden Auflistung jene Bausteine aus, die Ihnen in Ihrer speziellen Situation als besonders wichtig erscheinen und demzufolge unverzichtbar sind. Möglicherweise betrachten Sie manche als Selbstverständlichkeiten. Da Sie die neuen Mitarbeiter und das neue Betätigungsfeld noch nicht hinreichend kennen, vermeiden Sie unliebsame Überraschungen, wenn Sie nichts als selbstverständlich voraussetzen. Daher überlegen Sie vor dem Streichen eines Punktes, ob dieser Aspekt für die neuen Mitarbeiter möglicherweise Neuland darstellt oder von grundlegendem Interesse sein könnte. Andererseits sind in der Auflistung nicht enthaltene Aspekte, die Ihnen besonders wichtig erscheinen, zu ergänzen. Schließlich ist die Gliederung für eine Antrittsrede entworfen, die der jeweiligen Situation Rechnung trägt und Ihre unverwechselbare Handschrift trägt.

Tipp
Befürchten Sie, durch zu viele Punkte die Mitarbeiter mit Informationen zu überfluten, wäre zu überlegen, welche Punkte besser in der nächsten Mitarbeiterbesprechung erörtert werden sollten.

Klare Position beziehen Wenn Sie eine Ablehnung einiger Ihrer grundlegenden Hinweise durch die neuen Mitarbeiter vermuten, sollten Sie mutig auch diese Punkte ansprechen. Viele Menschen haben sich die Furcht angewöhnt, dass Klarheit auf Ablehnung stoßen könnte. Erfahrungsgemäß wird jedoch derjenige Vorgesetzte geschätzt, der klar redet, und nicht jener, der als Softie seinen Mitarbeitern Rätsel aufgibt. Schon bald werden Sie erkennen, dass Ihre Mitstreiter dankbar für eine unmissverständliche Positionierung (vergleichbar mit den in der Tierwelt üblichen Duftmarken) sind und dies mit Akzeptanz, Wertschätzung und Respekt honorieren. Sie werden nicht der Kategorie „Herumeierer" zugeordnet, sondern dokumentieren mit Ihren unzweideutigen Aussagen, dass Sie wissen, was Sie wollen, und bereit sind, einen klaren Kurs zu steuern. Alles andere würde Ihnen als Schwäche angekreidet und sogleich zu einem Autoritätsverlust führen, der später nur unter Schwierigkeiten behoben werden kann.

Vorbildfunktion einnehmen Ihre Antrittsrede darf keine Lippenbekenntnisse enthalten. Ihre Mitarbeiter beobachten genau, ob Sie Ihren Aussagen in der täglichen Zusammenarbeit Taten folgen lassen. Sie messen Ihren anfänglichen Handlungen eine hohe Symbolik bei. Indem Sie stets mit gutem Beispiel vorangehen, kommen Sie Ihrer Vorbildfunktion nach. Sie füllen in Ihrer folgenden Führungspraxis konsequent den in der Antrittsrede gesteckten Rahmen und erweisen sich damit als verlässlicher Partner, dem man die Gefolgschaft nicht verweigern wird.

Negatives sollte in der Antrittsrede nicht zu stark herausgestellt werden, damit nicht zu Beginn einer Zusammenarbeit das Trennende in den Vordergrund gestellt wird. Mit unangenehmen Verlautbarungen wird die Atmosphäre vergiftet, und es werden Gräben aufgerissen, die später nur mit großer Mühe, schlimmstenfalls überhaupt nicht mehr, übersprungen werden können.

> *Auf den Punkt gebracht*
> Wenn Sie die Schwerpunkte der künftigen Zusammenarbeit nicht nennen – wer soll es sonst tun? Mit einer gut durchdachten Antrittsrede ergreifen Sie die Initiative und stellen die Weichen für eine bestmögliche Kooperation in die von Ihnen gewünschte Richtung.

3. Sie waren bisher Kollege, jetzt sind Sie Vorgesetzter

Viele Monate haben Sie und Ihre Kollegen gleichberechtigt auf derselben hierarchischen Ebene gearbeitet und die Vorzüge und Schwächen der anderen hautnah kennengelernt. Bis gestern waren Sie Kollege Ihrer Mitarbeiter, seit heute sind Sie der Chef. Einige Mitarbeiter begrüßen dies („Es ist ihm zu gönnen, so verkehrt ist er ja nicht"), andere sind skeptisch („Wie soll er das schaffen? Er hat doch keine Führungserfahrung") und wieder andere neiden Ihnen den Aufstieg („Weshalb gerade er? Ich bin doch insgesamt besser geeignet").

Von jetzt auf sofort soll ein Rollenwechsel vorgenommen werden, der Ihnen Führungsqualifikation abverlangt: Sie sollen sogleich Autorität an den Tag legen, Weisungen erteilen, die Leistungen Ihrer Ex-Kollegen beurteilen, Ihrer Kontrollfunktion nachkommen, Anerkennung aussprechen, aber auch – wenn nötig – mit Kritik nicht hinter dem Berg halten.

Hatten Sie bisher das Gefühl, jedermanns Darling zu sein, müssen Sie ab sofort gegen den Wunsch angehen, bei allen Mitarbeitern beliebt sein zu wollen. Denn andernfalls werden Sie zu nachgiebig und beeinflussbar, was von manchen Mitarbeitern gnadenlos ausgenutzt wird.

Neubeginn kommunizieren

Anbiederung führt zu Autoritätsverlusten „Mit meiner Beförderung zum Gruppenleiter ändert sich überhaupt nichts. Machen Sie sich keine Gedanken, es bleibt alles beim Alten.“

Vor dieser immer wieder zu hörenden Beschwichtigungs- und Anbiederungsformel gegenüber bisherigen Kollegen kann nur eindringlich gewarnt werden. Denn mit diesem Einstieg legt der frischgebackene Vorgesetzte einen eklatanten Fehlstart hin. Seine Worte signalisieren, dass er sich entweder mit der neuen Situation überhaupt nicht beschäftigt hat oder den Rollenwechsel verharmlost, in der Hoffnung, Widerstände der Mitarbeiter zu vermeiden oder zumindest gering zu halten.

Wer erklärt, es bleibe bei Bisherigem, beschwört Autoritätsprobleme herauf. Tatsächlich ändert sich viel, da mit dem Auswechseln von Personen zumeist auch veränderte Regelungen gelten und andere Verhaltensweisen an den Tag gelegt werden. Sie sind jetzt der Chef, Sie werden vermutlich besser bezahlt und können sich über die mit Ihrer Beförderung verbundenen Statussymbole freuen. Sie müssen neben Ihren Fachaufgaben eventuell auch Neuland betreten, indem Sie bedeutende Führungsaufgaben wahrnehmen. Mit der gestiegenen Verantwortung geht häufig auch ein gehöriges Maß an Mehrarbeit einher. Außerdem besitzen Sie als

Beauftragter des Arbeitgebers die Leitungs- oder Weisungs-
befugnis, die Sie berechtigt, Art, Ort und Zeit der Arbeitsleistung Ihrer Mitarbeiter näher zu bestimmen.

**Statt Kollege sind Sie nun Vorgesetzter: Das ist eine gravie-
rende Veränderung, die mit der Äußerung „Es bleibt alles
beim Alten" nicht im Einklang steht.**

Schaffen Sie sogleich klare Verhältnisse, damit alle wissen,
welche Verhaltensweisen nun Gültigkeit haben:

Klare Worte

*„Akzeptieren Sie bitte, dass sich mit meiner Beförderung unse-
re Beziehungen verändert haben. Jetzt bin ich Ihr Chef. Als Kollege habe ich gern mit Ihnen zusammengearbeitet, als Vorgesetzter liegt mir natürlich weiter an einer guten Zusammenarbeit. Gemeinsam wollen wir im betrieblichen Interesse, aber
selbstverständlich auch im eigenen Interesse Leistung bringen
und erfolgreich arbeiten. Hierbei bitte ich um Verständnis, dass
ich in meiner neuen Funktion nicht der Kumpel eines jeden
Mitarbeiters sein kann. Von allen Mitarbeitern erwarte ich,
dass jeder loyal seine Pflicht tut und zu einer bestmöglichen
Aufgabenerledigung beiträgt."*

Angemessenes Verhalten

Diese vorstehende Aussage dient der Standortbestimmung.
Ihren Worten sollten Sie aber nicht dadurch zusätzliches Gewicht verleihen, indem Sie sich vorrangig um sämtliche Statussymbole (beispielsweise eine neue Büroausstattung, einen
größeren Firmenwagen) bemühen, die Ihre neue Stellung
verdeutlichen. Haben Sie es nötig, mit diesen „Rangabzei-
chen für Zivilisten" zu protzen? Zwar ist falsche Bescheidenheit nicht am Platze, dennoch wird Ihre anfängliche Zurückhaltung bei Statussymbolen von Ihren Mitarbeitern positiv
aufgenommen.

**Auf Statussymbole
verzichten**

„Du" oder „Sie"? Viele frisch gebackene Chefs fühlen sich ausgesprochen un-
wohl, wenn es um den Umgang mit Nähe und Distanz zu
Mitarbeitern geht, die bislang Kollegen waren. Dabei stellt
sich häufig die Frage, ob das bisher übliche Duzen unter Kollegen nach Ihrer Beförderung zum Vorgesetzten fortzu-
führen ist. Vorrangig sind sowohl die Usancen in Ihrem Betrieb als auch die in den letzten Jahren verstärkt um sich grei-
fenden gelockerten Umgangsformen im gesellschaftlichen
Bereich zu beachten. Halten Sie es hiernach für sinnvoll, zum
„Sie" zurückzukehren, verdeutlichen Sie dem Mitarbeiter
dies in einem offenen Gespräch. Ohne diesen Dialog könnte
das Umschalten von „Du" auf „Sie" als vorsätzliche Abküh-
lung Ihrerseits missverstanden werden. Sagen Sie klar, aus
welchen Gründen Sie im Betrieb auf ein konsequentes „Sie"
Wert legen. Verdeutlichen Sie, dass ein Siezen nicht nur Abstand und Distanz schaffen kann, sondern im offiziellen Bereich als Ausdruck von gegenseitigem Respekt zu werten ist.
Im privaten Bereich kann es beim „Du" bleiben.

Auf den Punkt gebracht

Nehmen Sie konsequent und ohne Wenn und Aber Ihre Vorgesetztenrolle an, werden sich Ihre früheren Kollegen und jetzigen Mitarbeiter bald auf die neue Situation einstellen. Vermeiden Sie Be-
schwichtigungs- und Anbiederungsversuche, die nur Ihre Autorität
untergraben würden.

4. Sie legen keinen Wert auf einen Stellvertreter für Ihre Position

Was geschieht in Ihrem Unternehmen, wenn Sie plötzlich
ausfallen? Zu hoffen ist, dass die Stellvertretung schon seit
längerem geregelt ist und ein von Ihnen eingearbeiteter Stell-

vertreter zur Verfügung steht (im Regelfall wird ein bewährter Mitarbeiter damit beauftragt, weil dieser zumeist mit der Materie besonders gut vertraut ist). In diesem Fall wird Ihre Abwesenheit zwar Probleme aufwerfen, die aber durchaus zu bewältigen sind. Ohne einen eingearbeiteten Stellvertreter ist hingegen eine ordnungsgemäße Aufgabenerledigung nicht mehr gewährleistet. Es fehlt an Kontinuität, sodass sich Reibungen und Verluste einstellen: Ihr Zuständigkeitsbereich gerät ins Stocken, wichtige Termine sind nicht mehr einzuhalten, zu treffende Entscheidungen weichen von Ihrer bisherigen Linie ab, Auftragsrückstände übersteigen ein vertretbares Maß, bereits eingeplante Aufträge gehen gar verloren usw. Dieser Schilderung entnehmen Sie, dass die rechtzeitige Klärung der Stellvertreterfrage für Sie von großer Bedeutung sein muss.

Der „Stuhlsägekomplex"

Zwar erkennt so mancher Stelleninhaber die eben beschriebenen Sachzusammenhänge, bemüht sich aber dennoch nicht um eine sinnvolle Regelung. Denn die Vorstellung, sich um einen Ersatzmann zu kümmern, bereitet vielen die größten Sorgen. Kommt es doch immer wieder vor, dass der Rückkehrer von seinem Vorgesetzten mit der Bemerkung empfangen wird: „Ich habe ja überhaupt nicht geahnt, was Ihr Vertreter für ein guter Mann ist. Wir haben seine Initiative und sein Engagement genutzt, einige Erfolg versprechende neue Dinge aufs Gleis zu schieben, an die bisher noch niemand gedacht hat."

Von Stund an hat der Stelleninhaber ein Problem: Er leidet unter dem „Stuhlsägekomplex" und betrachtet den Stellvertreter als Konkurrenten, der nur auf seinen Abgang wartet oder diesen durch eigenes Tun noch beschleunigen will. Um die eigene Position nicht zu gefährden, sind in der Praxis verschiedene Vorgehensweisen zu beobachten:

Stellvertreter = Konkurrenz

▨ Es wird auf die Benennung eines Stellvertreters verzichtet, dafür die eigene Abwesenheit auf höchstens eine Woche begrenzt, sodass nichts „anbrennen" und Wichtiges auch einmal liegenbleiben kann.

▨ Dem vorgesehenen Stellvertreter werden wichtige Informationen vorenthalten, sodass seine Aussichten, die Stellvertretung erfolgreich zu meistern, vermindert werden.

▨ Die Stellvertretung wird bei jeder Abwesenheit einem anderen Mitarbeiter übertragen, womit jedem die Chance der „Bewährung" gegeben wird.

▨ Es wird als Stellvertreter nicht der Mitarbeiter ausgewählt, der für die Aufgabe besonders geeignet ist, sondern jener, von dem nichts zu befürchten ist.

▨ Nach dem Motto „Teile und herrsche" wird der Arbeitsbereich unter Hinweis auf eine nicht beabsichtigte Überlastung eines Stellvertreters auf mehrere Mitarbeiter aufgeteilt, womit Abstimmungsproblemen und Kompetenzrangeleien bis hin zu offener Rivalität Vorschub geleistet wird.

Eine erfolgreiche Stellvertretung

Diese „Überlebensstrategien" können nicht im Interesse des Unternehmens sein. Das wichtigste Mittel zur Vermeidung des Stuhlsägekomplexes besteht darin, den Stellvertreter zu absoluter Loyalität und Fairness gegenüber dem Stelleninhaber zu verpflichten. Ihm muss eindringlich klargemacht werden, dass es sich in keinem Fall lohnt, auf dumme Gedanken mit der „Säge" zu kommen. Ist diese Grundvoraussetzung akzeptiert, sind an eine funktionierende Stellvertretung mehrere Voraussetzungen zu knüpfen:

1. Ihr Stellvertreter muss die erforderliche Qualifikation haben („Ein erster Mann an zweiter Stelle").

2. Ihr Stellvertreter muss von Ihnen rechtzeitig eingearbeitet und kontinuierlich mit wichtigen arbeitsplatzrelevanten In-

formationen versorgt werden und nicht erst fünf Minuten vor Abwesenheitsbeginn.

3. Ihrem Stellvertreter muss genügend Zeit zur Verfügung stehen, damit er neben seinem eigenen Aufgabenbereich auch der Stellvertretung gewissenhaft nachkommen kann. Als Entlastungen kommen in Betracht:

- Befreiung von bestimmten eigenen Aufgaben während der Stellvertretung.
- Zuordnung einer Hilfskraft.
- Liegenlassen unwichtiger Arbeiten im Vertretungsbereich.

4. Sie sollten Ihrem Stellvertreter gegenüber Grundregeln beherzigen:

- Betrachten Sie Ihren Stellvertreter als vollwertigen und zuständigen Mitarbeiter.
- Nach reibungsloser Stellvertretung hat Ihr Stellvertreter eine Anerkennung für seine Leistung verdient.
- Häufige und pingelige Kritik an den Leistungen des Stellvertreters behindert und demotiviert ihn.
- Mit erfolgreichen Stellvertretungen hat Ihr Mitarbeiter gezeigt, dass er Herausforderungen annehmen und gut bewältigen kann. Stehen Sie seinem beruflichen Fortkommen nicht im Wege, sondern fördern Sie ihn nach Kräften.

5. Ihr Stellvertreter muss stets zwei Aufgaben im Auge haben:

- Kontinuität des Arbeitsablaufs gewährleisten und nicht umfangreiche Änderungen vornehmen, die von Ihnen als Anmaßung empfunden werden.
- Ihnen gegenüber Loyalität wahren und nach bestem Wissen und Gewissen in Ihrem Sinne handeln. Hierzu zählt auch, Ihnen gegenüber Rechenschaft abzulegen und Sie über Wichtiges während Ihrer Abwesenheit zu informieren.

Auf den Punkt gebracht

Regeln Sie rechtzeitig die Frage Ihrer Vertretung, damit bei Ihrer geplanten oder unbeabsichtigten Abwesenheit die Aufgaben Ihrer Position weiter in der von Ihnen vorausgesetzten Qualität wahrgenommen werden. Indem Sie Ihren Vertreter ständig mit wichtigen Informationen aus Ihrem Arbeitsbereich versorgen, fordern Sie von ihm absolute Loyalität ein.

Hält sich der Vertreter nicht an diese grundlegende Forderung, machen Sie ihm sein Fehlverhalten deutlich und sorgen im Wiederholungsfall für eine organisatorische Änderung. Damit die Stellvertretung von Ihrem Mitarbeiter als „lohnend" empfunden wird, sollte dieser neben dem mit der Vertretung verbundenen Bedeutungsgewinn auch eine berufliche Förderung in einem überschaubaren Zeitraum erfahren.

5. Sie versuchen, das fachliche Niveau Ihrer Spezialisten zu erreichen

Oft meinen Vorgesetzte, sie müssten ein umfangreicheres Fachwissen als jeder ihrer Mitarbeiter besitzen. Träfe diese Auffassung zu, wären viele Vorgesetzte sicherlich überfordert, weil immer häufiger Mitarbeiter (= Spezialisten) dem Vorgesetzten (= Generalist, Universalist) in ihrem Teilbereich an Sachwissen überlegen sind. Zunehmende Arbeitsteilung und ein ständig wachsendes Wissen in allen Lebensbereichen bringen es mit sich, dass „immer mehr Menschen über immer weniger immer mehr wissen". Heutzutage kann sich kaum noch ein Vorgesetzter ständig mit jedem seiner Mitarbeiter im fachlichen Bereich messen und den Vergleich für sich entscheiden. Würde er sich dennoch in diesen fachlichen Wettbewerb stürzen, wäre der Energieeinsatz unangemessen hoch und es würden andere Aufgaben, insbesonre die von ihm wahrzunehmenden und nicht delegierbaren Führungsaufgaben, darunter leiden.

> **Vorsicht: Wie schnell kommen Mitarbeiter dann zu dem Urteil: „Der Chef weiß zwar nicht alles, dafür weiß er aber alles besser!"**

Was muss man wissen?

Vorgesetzte müssen nicht alles wissen, sondern sollen ein in die Breite gehendes Fach- und Methodenwissen aufweisen, während von den als Spezialisten eingesetzten Mitarbeitern ein in die Tiefe gehendes Fachwissen zu fordern ist. Hierzu ein Beispiel.

Ein Betrieb im Kfz-Handwerk wird von einem Kfz-Mechanikermeister geleitet. Bei speziellen Fragen von Mitarbeitern aus der Lackiererei, bei der Kfz-Elektronik, bei EDV-Problemen oder wichtigen Steuerfragen muss er passen, wenn es ans „Eingemachte" geht. Schließlich stehen ihm kompetente Mitarbeiter bzw. externe Fachleute zur Verfügung, die jeweils für ihren Zuständigkeitsbereich das fachliche Knowhow besitzen. Dennoch kann der Meister mit seinem in die Breite gehenden Fach- und Methodenwissen seine Mitarbeiter kompetent führen und die unbedingt erforderliche Koordination innerhalb des Betriebes gewährleisten.

Im Klartext: Der über 2000 Jahre alte Spruch des römischen Dichters Horaz *„Man muss nicht alles wissen"* (Nec scire fas est omnia) hat auch heute Gültigkeit. Allerdings müssen Sie über ein fachliches Grundlagenwissen über die Tätigkeiten Ihrer Mitarbeiter verfügen, um diese richtig einsetzen, beurteilen und im Bedarfsfall durch geeignete Maßnahmen unterstützen zu können. Fehlt dieses Wissen und fallen Sie somit in schwierigen Situationen als Ansprechpartner aus, wird die Luft für Sie recht dünn.

Fachliches Grundlagenwissen

Die letzten Jahre haben gezeigt, dass die Macht durch Wissen zusehends verfällt – Wissen wird demokratisiert, das heißt, der Zugang zum Wissen wird über Netzwerke künftig immer einfacher. Auch macht ein Blick in die Führungsetagen immer wieder deutlich, dass fachliches Wissen und Können in der heutigen Arbeitswelt (und wohl auch in der zukünftigen) noch keinen guten Vorgesetzten ausmacht. Hierfür ist zusätzlich ein hohes Maß an persönlicher Autorität erforderlich.

Das Wissen der Spezialisten nutzen

Vor dem in die Tiefe gehenden Fachwissen Ihrer Spezialisten dürfen Sie zwar Respekt haben, jedoch darf dieser nicht dazu führen, dass Sie diesen Experten Narrenfreiheit zugestehen. Beziehen Sie die besonders qualifizierten Spezialisten, auf die Sie als Generalist angewiesen sind, intensiv in das Betriebsgeschehen ein. „Diva-Allüren" Ihrer Fachleute wie Absonderungstendenzen, Egoismus und Einzelkämpfertum lassen Sie im Interesse des Unternehmenserfolges und des Betriebsklimas nicht zu. Um nicht erpressbar zu sein, achten Sie auf eine Aufgabenverteilung, durch die auch bei Ausfall des Spezialisten schnell ein Ersatz zur Verfügung steht.

Worauf sollten Sie bei der Führung von Spezialisten besonders achten?

- Sie machen von der Möglichkeit des Delegierens (siehe Seite 113) regen Gebrauch. Hierdurch ermöglichen Sie Ihren Experten eine hohe Selbständigkeit mit großen Entscheidungsräumen. Dies stärkt die Eigenverantwortung, die wiederum motivierend wirkt.
- Nutzen Sie das fachliche Potenzial Ihrer Spezialisten durch deren Beteiligung an Ihren Aufgabenstellungen (z. B. vorbereitende Arbeiten für Ihre wichtigen Entscheidungen) im Status eines „Beraters".
- Versagen Sie dem Spezialisten bei guter Aufgabenerledigung nicht die gebührende Anerkennung. Vor allem bei

besonders qualifizierten Mitarbeitern ist man versucht, positive Arbeitsergebnisse als selbstverständlich zu betrachten.

Auf den Punkt gebracht
Sie sollten über ein in die Breite gehendes Fach- und Methodenwissen verfügen und darüber hinaus das Spezialistenwissen Ihrer Mitarbeiter nutzen. Diese fühlen sich in ihrer Qualifikation und Bedeutung bestätigt und streben motiviert betriebliche Ziele an.

6. Sie übersehen, dass Autorität vorrangig auf persönlicher Autorität beruht

Viele Menschen verbinden mit dem Begriff „Autorität" autoritäre Verhaltensweisen von Vorgesetzten. Sie verstehen unter diesem Fremdwort eine Form ungewünschter Unterdrückung bzw. unflexibler und undifferenzierter Machtausübung durch den Vorgesetzten, die sie – oft nervenaufreibend und zähneknirschend – bereits erlebt haben. Sie sind nach leidvollen Erfahrungen mit Vorgesetzten, die ihre Mitarbeiter zu Untergebenen, zu ausführenden Organen und zu bedingungslos Gehorchenden degradieren, sehr sensibel geworden. Dieses Vorgesetztenverhalten kennzeichnet den autoritären Führungsstil und hat nichts mit Autorität im Sinne kooperativer Menschenführung zu tun.

Formen der Autorität
Die zeitgemäße Mitarbeiterführung versteht unter Autorität die Anerkennung der Führungskraft als Mensch und Vorgesetzter durch die Mitarbeiter. Der Begriff Autorität gliedert sich in die Teilbereiche Amtsautorität, fachliche Autorität und persönliche Autorität, die einander ergänzen und sich gegenseitig stützen.

Amtsautorität Die Amtsautorität (auch als hierarchische, skalare, institutionelle, abgeleitete, formale Autorität oder als Autorität „ex officio" bezeichnet) wird vom Arbeitgeber verliehen: Mit der Erteilung der Vollmacht, anderen Betriebsangehörigen Weisungen erteilen zu dürfen, wird Ihr Vorgesetztenstatus begründet. Damit ist für Sie das Recht verbunden, zur Durchsetzung Ihrer Anordnungen Sanktionen ergreifen zu können (Weisungsbefugnis/Direktionsrecht).

Allerdings hat in unserem demokratischen Gemeinwesen die Bedeutung der Amtsautorität abgenommen. Mit Titeln und Rangstufen allein können Sie heute nur noch selten beeindrucken und in der Zukunft erst recht nicht mehr. Je stärker sich ein Vorgesetzter auf seine Amtsautorität beruft, desto größer werden für ihn die Führungsprobleme. Mit der starken Betonung der Amtsautorität ist oft ein autoritäres Vorgesetztenverhalten verbunden, welches Konflikte und Autoritätskrisen fördert und die notwendige Zusammenarbeit unnötig erschwert.

Fachliche Autorität Fachliche Autorität (oder funktionale Autorität, Sachautorität, Hard Skills) besitzen Sie, wenn Sie Mitarbeiter durch Sachkunde wirksam zu überzeugen vermögen. Erinnern Sie sich? Wichtige Informationen zur fachlichen Autorität haben Sie bereits unter Stolperstein 5 (Seite 28) gelesen.

Persönliche Autorität Persönliche Autorität (Soft Skills) wird Ihnen von den Mitarbeitern aufgrund Ihrer Persönlichkeit zuerkannt. Grundlage der persönlichen Autorität sind die dem Vorgesetzten entgegengebrachten positiven Gefühle, die jedoch nicht einseitig sein sollten, sondern ein gegenseitiges Vertrauensverhältnis erfordern. Erst dieses Vertrauenskapital ermöglicht eine fruchtbare Zusammenarbeit, sodass sich Mitarbeiter ohne Druck oder Drohungen für das Erreichen betrieblicher Ziele einsetzen und eine hohe Leistungsbereitschaft zeigen. Letztlich beruht die Akzeptanz eines Vorgesetzten auf der

Glaubwürdigkeit seiner Persönlichkeit und auf seiner Fähigkeit, andere Menschen zu einer fruchtbaren Zusammenarbeit zu motivieren.

> **Persönliche Autorität ist der Königsweg der Führung – sie ist die Grundlage einer partnerschaftlichen und erfolgreichen Zusammenarbeit zwischen Vorgesetztem und Mitarbeiter.**

Persönliche Autorität ausbauen

Ihre gelegentliche Abwesenheit ist ein guter Prüfstein dafür, ob Sie wirklich persönliche Autorität genießen. Arbeiten die Mitarbeiter mit unverminderter Selbstmotivation weiter oder wird Ihre Abwesenheit sofort ausgenutzt („Kaum ist die Katze aus dem Haus, schon tanzen die Mäuse auf dem Tisch")? Fehlt es an persönlicher Autorität, so wäre es falsch, nach dem Motto „Entweder hat man persönliche Autorität oder man hat sie nicht" einfach aufzugeben. Mit sozialem Einfühlungsvermögen und mit viel Geduld – Ungeduld wäre hier die Mutter des Misserfolgs – lässt sich die Basis für künftige persönliche Autorität legen.

Sie können Ihre persönliche Autorität verbessern und steigern, indem Sie **Möglichkeiten**

- Mitarbeiter ohne Vorurteile und Überheblichkeit als Partner betrachten und behandeln und diese aktiv am Willenbildungsprozess im Rahmen ihrer Fähigkeiten, ihres Wissens und ihrer Erfahrung mitwirken lassen.
- eine ausgeprägte Kommunikationsbereitschaft zeigen (Bereitschaft, sich mitzuteilen, und Fähigkeit, zuzuhören und sich einzufühlen).
- im persönlichen Verhalten Vorbild für die Mitarbeiter sind (z.B. Einsatzbereitschaft dokumentieren, Loyalität gegenüber Mitarbeitern zeigen, auf Privilegien verzichten). Denn: Keine Anweisung, keine Ermahnung, keine

Kritik und keine Predigt ist so wirkungsvoll wie das gelebte Beispiel!

- ein gesundes Selbstvertrauen beweisen, wenn Sie schwierigen Situationen mit Gelassenheit begegnen, den Mut zum Entscheiden besitzen (Seite 196) und auch bereit sind, eigene Fehler einzugestehen (Seite 83).
- durch das Herausstellen des Prinzips der Delegation von Aufgaben, Kompetenzen und Verantwortung (Seite 112) dem Mitarbeiter ein großes Maß an Selbstständigkeit ermöglichen.
- die Führungsmittel Anerkennung (Seite 85) und Kritik (Seite 78) situationsgerecht und aufbauend einsetzen.
- das richtige Maß an Führungswillen zeigen.
- eine gedeihliche Distanz anstreben (Seite 148).

Ungeeignetes Verhalten Auf keinen Fall darf fehlende persönliche Autorität durch gelegentlich in der Praxis erkennbare „Überlebensstrategien" ersetzt werden, so zum Beispiel durch

- Betonung des Befehlscharakters einer Weisung.
- betont kollegiales Verhalten (Mitarbeiter werden zu „Kumpeln", deren Kooperationsbereitschaft durch Anbiederung/Schulterklopfen erkauft wird).
- künstliche Distanz (es wird geradezu ängstlich jeder persönliche Kontakt vermieden in der Hoffnung, dadurch eher eine unangreifbare Position zu erlangen).
- intrigenhaftes Ausspielen der Mitarbeiter untereinander („Solange sie sich gegenseitig bekämpfen, bleibe ich unangetastet").
- Zurückhaltung von Informationen (Mitarbeiter werden in Abhängigkeit gehalten, weil diese wegen fehlender Informationen nur unzureichend eigenständig arbeiten können und demzufolge ständig auf den Vorgesetzten angewiesen sind, der im Besitz der erforderlichen Informationen ist – siehe Seite 95).

Autorität ist unverzichtbar. Zwar wird irrtümlich oft der soziale Wandel moderner Industriegesellschaften für eine Auflösung von Autorität verantwortlich gemacht. Tatsächlich aber haben sich nur Inhalt und Form der Autorität gewandelt. Die auf Tradition und Herkommen gegründete ursprüngliche Autorität (= Amtsautorität) ist einem komplexen Autoritätsbegriff gewichen, der erfolgreiche Mitarbeiterführung in unserer Zeit erst ermöglicht.

Komplexer Autoritätsbegriff

> ### Auf den Punkt gebracht
> Jeder Vorgesetzte muss sich die ihm von seinen Mitarbeitern verliehene persönliche Autorität tagtäglich immer wieder neu „verdienen". Vor allem die persönliche Autorität ist entscheidend für das Führungsgeschehen, denn „die Autorität, die sich auf Zuneigung stützt, hat sichere Gefolgschaft" (Gottlieb Dudweiler).

7. Sie führen ältere/erfahrene Mitarbeiter

Vielleicht fühlen Sie sich als jüngerer Vorgesetzter nicht wohl dabei, älteren Mitarbeitern Weisungen zu erteilen. Aber es gehört nun einmal zu Ihren Vorgesetztenaufgaben, gemeinsam mit Ihren Mitarbeitern ansprechende Arbeitsleistungen zu erzielen. Ihnen wurde vermutlich aus gutem Grund die Vorgesetztenstelle übertragen, also nehmen Sie diese Rolle unabhängig vom Alter Ihrer Mitarbeiter an. Denn es zeugt nicht von besonders hoher Diplomatie, wenn Sie einem älteren Mitarbeiter erklären, dass eigentlich er mehr Berechtigung hätte, auf dem Chefsessel zu sitzen. Häufen sich anschließend die Schwierigkeiten, haben Sie sich diese selbst zuzuschreiben.

Übrigens: Dem Alter Ihrer Mitarbeiter kommt zumeist keine ausschlaggebende, negative Bedeutung zu. Das körperliche Leistungsvermögen älterer Mitarbeiter mag zwar ge-

Pluspunkte bei älteren Mitarbeitern

genüber kraftstrotzenden Zwanzigjährigen eingeschränkt sein, dafür identifizieren sie sich intensiver mit dem Unternehmen und können oft einen unersetzlichen Erfahrungsschatz in die Aufgabenerledigung einbringen. Außerdem nehmen Sorgfalt, Umsicht, Geduld, Zuverlässigkeit und Verantwortungsbewusstsein im Alter eher zu. Und Sie werden merken, dass Sie regelmäßig auf offene Ohren stoßen, wenn Sie unter Hinweis auf diese positiven Aspekte erklären, weshalb Sie gerade Ihren älteren Mitarbeitern heikle und wichtige Aufgaben übertragen.

Wertvoller Erfahrungsschatz Die Vorteile eines altersmäßig gemischten Teams liegen auf der Hand: Jüngere und ältere Mitarbeiter können sich in ihrer Leistungsfähigkeit und ihren Stärken ergänzen und ihre Schwächen ausgleichen. Die Kombination von jüngeren und älteren Mitarbeitern verleiht einem Betrieb Stabilität und Kontinuität auf dem Weg in die Zukunft. Verfügen Ihre Mitarbeiter also über einen breiten Erfahrungshorizont, erweist sich dieser Aspekt keineswegs als Stolperstein. Sie sollten froh und dankbar über qualifizierte Mitarbeiter sein, die in der Lage sind, auf ihren Erfahrungsschatz aufbauend gute Arbeit zu leisten und zum Betriebserfolg beizutragen. Denn Sie wissen:

> **Ihre Mitarbeiter sind Ihr wichtigstes Kapital! Betriebliche Ziele können Sie nur mit und durch engagierte Mitarbeiter verwirklichen – Ihre Mitarbeiter sind der Schlüssel zum Erfolg.**

Voneinander profitieren Die Berufstätigkeit stellt für jeden Beteiligten einen fortwährenden Lernprozess dar: Mitarbeiter profitieren vom Know-how eines Vorgesetzten, der seine Kenntnisse nicht als Herrschaftswissen unter Verschluss hält. Der Vorgesetzte wiederum erlangt einen Zuwachs an Wissen und kann seine fachliche Kompetenz erweitern, wenn er sich unvoreingenommen des Erfahrungsschatzes seiner Mitarbeiter bedient. Sollen Ihnen Ihre Mitarbeiter ihre Erfahrungen vorbehaltlos zur Verfügung stellen, motivieren Sie durch anerkennende Bemerkungen:

„Ich habe mich gefreut, wie Sie die Reklamation des Großkunden X zu aller Zufriedenheit abgewickelt haben, sodass uns dieser Kunde erhalten geblieben ist. Es geht doch oft nichts über eine gehörige Portion Erfahrung und viel Einfühlungsvermögen. Wir können froh sein, dass Sie in schwierigen Situationen in die Bresche springen. Ich wäre Ihnen sehr dankbar, wenn ich auch künftig auf Ihre Erfahrungen und Ihren Sachverstand zurückgreifen kann.“

Mit diesen anerkennenden Worten verhelfen Sie dem Mitarbeiter zu Höhenflügen, die den Arbeitsalltag durchbrechen. Auch wird Ihnen hiernach der Mitarbeiter bereitwillig seinen Erfahrungsschatz zur Verfügung stellen.

Auf den Punkt gebracht

Altersmäßige Unterschiede fallen kaum ins Gewicht, wenn Sie dem Älteren Respekt entgegenbringen und sich vergegenwärtigen, dass dieser vermutlich über positive Seiten verfügt, die Sie vorbehaltlos entdecken und nutzen sollten. Dass Sie den Erfahrungsschatz Ihrer Mitarbeiter für die Aufgabenerledigung durch motivierende Anerkennung „abschöpfen“, sollte selbstverständlich sein.

8. Sie neigen gelegentlich zu autoritärem Verhalten

Autoritäre Führung geht von einem Vorgesetzten mit großem Machtpotenzial aus, der Entscheidungen ohne die Mitwirkung seiner Untergebenen trifft. Die Untergebenen haben die Entscheidung unverfälscht und zuverlässig auszuführen, wobei sie ständiger Kontrolle unterworfen sind. Das Verhältnis zwischen Vorgesetztem und Untergebenen ist distanziert, da der Vorgesetzte den „Herr-im-Haus-Standpunkt" vertritt. Sein Ziel ist die Aufgabenerfüllung im sachlichen Bereich („Für mich zählt nur mein Auftrag und sonst nichts!"), während er die individuellen Belange der Untergebenen vernachlässigt. Allein die Verwendung des Begriffes „Untergebener" weist in Richtung autoritärer Führung.

Vom Untergebenen zum Mitarbeiter

War eine autoritäre Führung noch vor einigen Jahrzehnten häufig anzutreffen, so wehrt sich der Mitarbeiter heute allergisch dagegen, nur kommandiert oder manipuliert zu werden. Er akzeptiert meist nur noch den Vorgesetzten, der ein kooperatives Führungsverhalten zeigt, bei dem die Wörter „miteinander" sowie „gemeinsam" im Vordergrund stehen. Er will mitdenken, mithandeln, sich einbringen – demzufolge wird heutzutage vom „Mitarbeiter" gesprochen.

> Mit einem größeren Selbstbewusstsein steigen auch die Erwartungen an das berufliche Umfeld und an den Vorgesetzten.

Gründe gegen autoritäres Führen
Die Tatsache, dass ein sich autoritär gebender Vorgesetzter ständig mit Führungsproblemen zu kämpfen haben wird, liegt aus mehreren Gründen auf der Hand:

1. Die deutsche Bevölkerung verfügt über einen derartig hohen Bildungsstand, wie es ihn hier noch nie gegeben hat. Je höher der Bildungsstand des Mitarbeiters ist, umso weniger lässt er sich auf Dauer als Untergebener führen.

2. Ein nach dem Prinzip von Befehl und Gehorsam führender Vorgesetzter mag in einem autoritär geführten Staat hinnehmbar gewesen sein. Heute wäre dieses Führungsverhalten anachronistisch. In einem freiheitlichen Staatswesen kann ein politisch freier und mündiger Bürger seine Identität nicht am Arbeitsplatz ablegen und in die Haut eines Untergebenen, eines bedingungslos Gehorchenden schlüpfen. Wie würden Sie wohl reagieren, wenn Sie plötzlich bei Betreten des Betriebsgeländes neben dem Firmenschild ein weiteres, schwarzrotgold umrandetes Schild mit der Aufschrift „Hier endet der demokratische Teil der Bundesrepublik Deutschland!" entdecken würden?

3. Routineaufgaben können wegen ihrer geringen Originalität und klaren Überschaubarkeit von einer Zentralposition schnell und sachlich richtig entschieden werden. Schwierige, sich nicht ständig wiederholende Aufgaben mit kreativen Arbeitsinhalten und notwendiger Eigeninitiative lassen sich hingegen kaum in einer Atmosphäre zufriedenstellend erledigen, in der die Betriebsangehörigen als lediglich ausführende Organe angesehen werden, die ständiger Kontrolle zu unterziehen sind. Je qualifizierter die vom Mitarbeiter zu erledigenden Aufgaben sind, desto weniger ist autoritäres Führen erfolgreich.

4. Die Motivationsstruktur des arbeitenden Menschen hat sich in Deutschland grundlegend gewandelt. Während früher die materiellen Bedürfnisse eine herausragende Bedeutung bei der Berufstätigkeit hatten, wird zunehmend die Befriedigung immaterieller Bedürfnisse (z.B.

Selbstständigkeit, Kreativität, Mitbestimmung, Teamarbeit = Freude an der Arbeit) von den Mitarbeitern in den Vordergrund gestellt.

Rückfälle in autoritäres Führen vermeiden

Rückfall nicht ausgeschlossen

Wir können die Erkenntnis als gesichert betrachten, dass in Deutschland kaum mehr von einem Vorgesetzten durchgehend autoritär geführt wird. Einer derart agierenden Führungskraft würden die Mitarbeiter auf Dauer die Gefolgschaft und die eigenen Vorgesetzten jegliche Anerkennung versagen. Allerdings sind in der Führungspraxis immer wieder Relikte aus der Vergangenheit zu beobachten. So schaltet ein normalerweise kooperativ führender Vorgesetzter plötzlich auf autoritäre Verhaltensweisen um, wenn er Widerspruch erfährt und sich nicht mehr anders zu helfen weiß. Oder ein „herumschnauzender" Vorgesetzter will den Mitarbeiter durch harsche Kritik disziplinieren – etwa wenn dieser mehrmals den gleichen Fehler begangen hat.

Imageschaden

Die Erkenntnis, dass das autoritäre Verhalten nicht angemessen war, kommt manchem Vorgesetzten erst dann, wenn er „Dampf abgelassen" hat und das innere Gleichgewicht wieder stabil ist. Eine Entschuldigung wie „Mit mir sind die Pferde durchgegangen, nehmen Sie das nicht so tragisch" oder „Ich konnte mich einfach nicht mehr beherrschen" oder „Wer kann sich denn so etwas bieten lassen, ohne aus der Haut zu fahren" ist zwar nett gemeint, verbessert aber gewiss nicht das Image, welches der Vorgesetzte bei seinen geschurigelten Mitarbeitern genießt.

Selbstbeherrschung steigern

Ertappen Sie sich, wie Sie kurz vor dem Rückfall in autoritäre Verhaltensweisen stehen, arbeiten Sie an Ihrer Selbstbeherrschung, indem Sie

- bewusst langsam, beherrscht und ruhig sprechen,
- tief durchatmen (Tiefatmung beruhigt den gesamten Organismus),

- ins Grüne sehen,
- evtl. Ihre Reaktion auf den nächsten Tag verschieben („Eine Nacht darüber schlafen"), weil dann Ihre Emotionen verflogen sind und Sie sich aus einem überlegenen Blickwinkel der Situation besser stellen können.

Auf den Punkt gebracht
Wollen Sie andere Menschen führen, müssen Sie sich zunächst selber führen. Ein Rückfall in autoritäres Verhalten stellt Ihnen im Regelfall ein Armutszeugnis aus. Gelingt es Ihnen jedoch, sich selbst zu beherrschen und Ihre autoritären Verhaltensweisen abzubauen, gewinnen Sie an persönlicher Autorität und Ihre Mitarbeiter gehen mit verbesserter Motivation zu Werke.

---

9. Sie sind unsicher, welchen Führungsstil Sie praktizieren sollten

Der Führungsstil, für den sich der Vorgesetzte entscheidet, dokumentiert die Art der bewussten und geplanten Einflussnahme auf seine Mitarbeiter zum Erreichen betrieblicher Ziele. Im Führungsstil spiegelt sich die Grundeinstellung des Vorgesetzten zu seinen Mitarbeitern wider, er kennzeichnet also die Verhaltensweisen, die gewählten Führungsmittel des Vorgesetzen. Noch einfacher definiert: Der Führungsstil beschreibt die „Umgangsformen" zwischen dem Vorgesetzten und den ihm zugeordneten Mitarbeitern.

Verschiedene Führungsstile
Stolperstein 8 beschreibt die wesentlichen Elemente des autoritären Führungsstils und auch, weshalb dieser Führungsstil bei Mitarbeitern auf wenig Gegenliebe stößt. Zusätzlich

soll auf drei weitere bekannte Führungsstile mit ihren charakteristischen Ausprägungen aufmerksam gemacht und schließlich untersucht werden, ob es den „richtigen" und „stets passenden" Führungsstil gibt.

Patriarchalischer Führungsstil

Beim patriarchalischen Führungsstil („Patriarchat" = Vaterherrschaft), der dem autoritären Führungsstil verwandt ist, fühlt sich der Vorgesetzte für seine in Abhängigkeit gehaltenen „Belegschaftskinder" verantwortlich. Als klassisches Betriebsoberhaupt nimmt er eine Art Vaterrolle ein, er entscheidet allein, was für die Mitarbeiter gut oder schlecht ist. Beugen sich die „Kinder" seinem Willen nicht, greift er strafend ein. Diesem absoluten Herrschaftsanspruch steht die Fürsorgepflicht der Führungskraft dem Geführten gegenüber. Während dieser Führungsstil früher auf Gutshöfen üblich war, ist er heute noch – in Kombination mit kooperativen Elementen – in manchen Handwerksbetrieben anzutreffen.

Laisser-faire-Führungsstil

Der Laisser-faire-Führungsstil ist durch Desorganisation gekennzeichnet, das bedeutet, die Mitarbeiter bestimmen die Organisation ihrer Aufgaben selbst. Führen, also die Mitarbeiter auf ein gemeinsames Ziel hin beeinflussen, findet kaum statt. Zwar stellt der Vorgesetzte die zur Entscheidungsfindung erforderlichen Informationen bereit, macht im Entscheidungsprozess jedoch keinen oder nur einen geringen Einfluss geltend. Fragen der Planung, Organisation, Durchführung und Kontrolle werden entweder von der jeweiligen Arbeitsgruppe beantwortet oder wegen nicht integrierter widerstreitender Meinungen nicht gelöst. Die Erfahrungen mit dem Laisser-faire-Führungsstil haben gezeigt, dass die Gefahr der Cliquenbildung groß ist und Arbeitsgruppen nach kurzer Zeit zu zerfallen drohen. Bei kreativen oder forschenden Aufgabenstellungen erzielt dieser Führungsstil gute Ergebnisse.

Beim kooperativen Führungsstil sieht der Vorgesetzte seine wichtigste Funktion darin, für bestmögliche Aufgabenerledigung bei gleichzeitig größtmöglicher Zufriedenheit der Mitarbeiter zu sorgen. Die Geführten versteht er als Mitarbeiter und Partner, die am Willenbildungsprozess im Rahmen ihrer Fähigkeiten, ihres Wissens und ihrer Erfahrung aktiv mitwirken. Der Delegation von Aufgaben, Kompetenzen und Verantwortung kommt eine gravierende Bedeutung zu, damit die dem Vorgesetzten anvertrauten Menschen nicht nur unter ihm arbeiten, sondern auch mitdenken und mithandeln können. Unter Verzicht auf Zwang und persönliches Geltungs- und Machtstreben wird partnerschaftlich agiert.

Kooperativer Führungsstil

Verschiedene Situationen, verschiedene Führungsstile

Vermutlich ist für Sie kooperatives Führen erstrebenswert. Ich stimme mit Ihnen grundsätzlich überein, dass dieser Führungsstil die besten Leistungsergebnisse bei größtmöglicher Zufriedenheit aller verspricht. Und dennoch darf der kooperative Führungsstil nicht schlechthin als der optimale und einzig richtige Führungsstil bezeichnet werden. Die Effizienz einzelner Führungsstile ist nicht eindeutig bestimmbar, denn alle Aussagen über die Wirksamkeit von Führungsstilen lassen sich nur unter Berücksichtigung der jeweiligen Situation treffen. Deshalb kann auch kein Führungsstil den Anspruch erfüllen, zu allen Zeiten für sämtliche Unternehmen und in ihnen für alle Führungspositionen gültig zu sein.

Die folgenden Beispiele verdeutlichen, dass der Führungsstil von der jeweiligen Situation abhängig ist:

Sie werden mit der Leitung einer Projektgruppe betraut, die aus Angehörigen verschiedener Abteilungen besteht. Aufgabe der Gruppe ist die Entwicklung neuer Organisationsformen unter Einschluss modernster Informationssysteme.

Situation 1

Passender Führungsstil	Bei diesem Beispiel handelt es sich um eine umfangreiche Aufgabe mit kreativen Arbeitsinhalten, welche eine intensive Kommunikation zwischen Mitarbeitern verschiedener Fachbereiche auf gleichberechtigter Basis erfordert. Immaterielle Bedürfnisse wie Anerkennung, Mitbestimmung und Teamarbeit stehen im Vordergrund. Kooperatives Führen ist hier unumgänglich.
Situation 2	Der jährliche Urlaub steht an. Wegen der Frage der gegenseitigen Vertretung während der Urlaubsphase sind sich mehrere Ihrer Mitarbeiter nicht einig, es kommt zu Unstimmigkeiten.
Passender Führungsstil	Zunächst werden Sie die Auffassungen und Vorschläge der Mitarbeiter einholen und versuchen, die Kontrahenten unter Berücksichtigung betrieblicher Belange für einen Kompromiss zu gewinnen (= kooperatives Führen). Scheitert dieses Vorhaben, müssen Sie entscheiden (= autoritäres Führen) – in menschlich verbindlicher Form und unter Berücksichtigung sozialer Aspekte.
Situation 3	Es werden Ihnen sieben Mitarbeiter zugeteilt, die bisher recht autoritär geführt wurden. Sie vertreten die Auffassung, dass diese Gruppe bei kooperativer Führung bessere Ergebnisse erzielen würde.
Passender Führungsstil	Einerseits begegnen Ihnen die Mitarbeiter mit kritischer Reserviertheit, andererseits sind Sie bemüht, sich schnell der neuen Situation anzupassen. Die bisher autoritär geführten Mitarbeiter können sich nicht von heute auf morgen auf einen neuen Führungsstil umstellen. Die Veränderung von Verhalten setzt längerfristige Lernprozesse mit entsprechenden Erfahrungen voraus. Die Mitarbeiter sollen plötzlich Engagement zeigen, zu dem sie nicht hingeführt wurden. Möglicherweise deuten die Mitarbeiter Ihr Bemühen um kooperatives Führen als Schwäche, sich ihnen gegenüber durchset-

zen zu können. Sie werden Ihre neuen Mitarbeiter deshalb dort „abholen", wo sie sich gerade befinden, indem Sie behutsam nicht gewünschte autoritäre Führungsstilelemente langsam aber sicher zurückdrängen und durch kooperative Elemente ersetzen. Zunächst wird also weiter autoritär in menschlich verbindlicher Form geführt mit allmählichem Wandel in Richtung kooperativer Führung.

Im Anschluss an eine mehrmonatige Entziehungskur soll ein aus einer anderen Abteilung zuversetzter Mitarbeiter in neue Aufgaben eingewiesen werden.	**Situation 4**

In Zeiten zunehmender Isolierung wissen es manche Mitarbeiter besonders zu schätzen, wenn sich der Vorgesetzte nicht nur um die geleistete Arbeit, sondern auch um den Menschen kümmert. Ein Vorgesetzter, der als „Vater" über das Übliche hinaus ein Ohr für persönliche Sorgen hat und mit Rat und Hilfe zur Verfügung steht, wird in diesem Fall vermutlich am besten zur Eingliederung in den Arbeitsprozess beitragen. Ich empfehle patriarchalische Führung.	**Passender Führungsstil**

In einer Krisensituation werden eine sofortige Entscheidung sowie ein unverzügliches Durchsetzen der Entscheidung erforderlich.	**Situation 5**

In dringenden Fällen geben Sie kooperatives Führen auf, um drohenden Schaden abzuwenden. Fehlt es an ausreichender Zeit für Informationsaustausch und Beteiligung am Entscheidungsprozess, entscheiden Sie allein und befehlen die Ausführung Ihrer Weisung. Hier begegnet uns autoritäres Führen.	**Passender Führungsstil**

10. Sie wollen sich in Konflikten durchsetzen

Assoziieren Sie den Begriff „Konflikt" mit Ärger, Stress, Aufregung, Bedrohung, Angriff, Streit, Harmonieverlust, Unsicherheit, Kampf, Feindseligkeit, Belastung, Reibungsverlust oder Verschlechterung des Arbeitsklimas? Die meisten Menschen verbinden mit einem Konflikt grundsätzlich etwas Negatives. Aber ist diese negative und destruktive Einschätzung tatsächlich gerechtfertigt? Weil häufig nur die nervliche Anspannung, der Zeit- und Energieverlust sowie die emotionale Belastung in einer Konfliktsituation gesehen werden, empfinden viele Menschen einen Konflikt als ausgesprochen unangenehm.

Positive Aspekte entdecken

Vielfach wird übersehen, dass sich mit dem Begriff Konflikt auch positive Aspekte verknüpfen lassen, wie neue Lösungen, interessante Unterschiede, Verbesserung des Verständnisses füreinander, Fortentwicklung, Innovation, Chance, neue Perspektiven, Infragestellen von Verhaltensgewohnheiten, Gelegenheit zum Lernen, Bereicherung eigener Perspektiven oder Konsens. Halten wir fest:

> Nicht der Konflikt ist das Malheur, sondern die Unfähigkeit von Menschen oder Organisationen, ihn kooperativ zu regeln.

Dementsprechend versuchen Konfliktparteien immer wieder, sich auf Biegen und Brechen durchzusetzen, wobei sie sich auch nicht scheuen, Macht zu demonstrieren oder Aggressivität und Feindseligkeit zu zeigen.

Konfliktstrategien

Steht bei Ihnen der Konfliktlösungsstil „Durchsetzen" im Vordergrund, sorgen Sie dafür, dass Ihre Umgebung Konflikte mit Ihnen weiter unter negativem Vorzeichen einordnet und besser einen möglichst großen Bogen um Sie macht. Schließlich sind Sie bestrebt, Ihre Vorstellungen auch auf Kosten Ihrer Mitarbeiter durchzusetzen. Ihnen geht es nur um den Sieg, nach den Ursachen des Konflikts fragen Sie nur selten. Verlassen Sie das Schlachtfeld als Sieger, sollten Sie allerdings bedenken, dass der unterlegene Mitarbeiter auf Rache sinnen und Ihnen künftig bei passender Gelegenheit das Leben schwer machen wird („Wie Du mir, so ich Dir!").

Beginnen Sie schnell damit, das bewusste Nachgeben zu üben. Denn ein Stück Nachgeben ist Voraussetzung für jede Konfliktlösung. Und schließlich wollen Sie eine dauerhafte Konfliktlösung erreichen.

KonflikTstrategie „Durchsetzen"

Mit dieser Empfehlung ist jedoch keine Wandlung um 180 Grad gemeint. Durch sofortiges Nachgeben wird ein Konflikt nicht gelöst, sondern auf einen späteren Zeitpunkt verschoben. Wer zu früh nachgibt, hat möglicherweise schon verloren. Denn er vertritt die eigenen Interessen zu wenig und überlässt das Feld dem Mitarbeiter. Der nachgiebige Vorgesetzte wird bald als Weichei oder Schwächling eingeordnet mit der bitteren Folge, dass er immer häufiger angegriffen

Konfliktstrategie „Nachgeben"

und systematisch unterdrückt wird. Zugleich nehmen sein Selbstbehauptungswille und Durchsetzungsvermögen mehr und mehr ab und machen zunehmend der schlimmen Tendenz Platz, fast widerspruchslos nachzugeben. Zutreffend heißt es in einem persischen Sprichwort: „Der ist leicht zu schlagen, der sich einmal schlagen ließ". Gelegentlich rechtfertigen schwache Vorgesetzte ihre Zurückhaltung mit der Begründung: „Der Klügere gibt nach". Kluge Beobachter haben allerdings längst erkannt: „Der Klügere gibt solange nach, bis er der Dumme ist!"

Analysieren Sie ein Problem schon im Vorfeld und legen Sie sich Argumente für Ihre Seite zurecht. Stehen Sie zu Ihrer Meinung und bleiben Sie unbedingt sachlich. Seien Sie in einzelnen Punkten kompromissbereit, ohne sich jedoch „unterbuttern" zu lassen.

Konfliktstrategie „Kompromiss"

Betrachten wir einen Kompromiss als Kuchen, bei dem jede Partei meint, das beste Stück erwischt zu haben, so lässt sich an dieser Lösungsmöglichkeit nichts Negatives feststellen. Problematisch wird es, wenn Ihr Harmoniebedürfnis so stark ist, dass Sie die Ursachen des Konflikts überhaupt nicht mehr aufdecken wollen. In diesem Fall entschärfen Sie lediglich einen Streit, können aber den Konflikt nicht lösen. Faule Kompromisse, die im Moment zwar die Wogen glätten, sich aber bereits bei ihrer Festlegung erkenn- oder erahnbar als sehr problematisch erweisen, haben die unangenehme Eigenschaft, später mit der Gewalt eines Tornados wieder alles durcheinanderzuwirbeln.

Lassen Sie sich nicht auf vorschnelle Kompromisse ein, denn manche Menschen verstehen unter einem Kompromiss eine Abmachung, bei der großzügig auf die Rechte der anderen Konfliktpartei verzichtet werden kann. Ohne gründliche Ursachenforschung kommt das Problem immer wieder an die Oberfläche.

Manche Vorgesetzte übersehen Konflikte geflissentlich, leugnen sie notfalls und tun überhaupt nichts. Vielleicht fühlen sie sich einer Konfliktsituation ohnmächtig ausgeliefert oder wollen sich keine Unannehmlichkeiten einhandeln. Bemerkungen wie „Nur nicht daran rühren" oder „Die Zeit heilt alle Wunden" gehören zu ihrem Repertoire. Trifft es wirklich zu, dass derjenige, der nichts tut, auch nichts falsch machen kann? Nein! Merken Sie sich lieber:

Konfliktstrategie „Verdrängen"

Sie sind nicht nur verantwortlich für das, was Sie tun, sondern auch für das, was Sie nicht tun!

Wenn Sie Konflikte verdrängen, bauen Sie um sich herum eine Scheinwelt auf, die irgendwann zusammenbricht. Denn Konflikte, die unter den Teppich gekehrt wurden, pflegen zu eskalieren und brechen irgendwann mit Brachialgewalt über uns herein. Mit der Verdrängung wird die Chance vertan, eine gemeinsame Lösung zu finden und ein gedeihliches Miteinander zu fördern. Sehen Sie den Realitäten ins Auge und geben Sie Ihre Vogel-Strauß-Politik auf. Ungelöst schwelende Konflikte verschlechtern das Klima und verhindern über kurz oder lang eine zielgerichtete Zusammenarbeit.

Eine weitere Konfliktlösungsstrategie soll zu einer Win-win-Situation führen: Sie analysieren zuerst den Konflikt, indem Sie die Situation aus drei unterschiedlichen Perspektiven betrachten:

Konfliktstrategie „Kooperation"

1. Wie sehe ich den Konflikt, den ich mit dem Mitarbeiter habe?
2. Wie sieht wohl der Mitarbeiter den Konflikt, den er mit mir hat?
3. Wie sieht ein unbeteiligter Dritter den Konflikt, der zwischen meinem Mitarbeiter und mir besteht?

Erst nach dieser oft nicht leichten Vorarbeit sind Sie eher in der Lage, im Rahmen der anvisierten Konfliktlösung widersprechende Meinungen zu diskutieren, gegeneinander abzuwägen, neu zu formulieren und eine Lösung zu erarbeiten, die alle Beteiligten befriedigt.

Auf den Punkt gebracht
Sie betrachten den Konflikt aus den dargestellten drei Perspektiven. Hiernach stellen sich manche Aspekte ganz anders dar, sodass Sie eher Verständnis für die Sichtweise Ihres/Ihrer Kontrahenten aufbringen können. Die Chancen steigen, zu einer Lösung zu gelangen, die die Bedürfnisse und Interessen aller Konfliktparteien berücksichtigt. Achten Sie darauf, dass hierbei auf der emotionalen Ebene kein „bitterer Nachgeschmack" bleibt und die andere Konfliktpartei intensiv in die Lösung einbezogen wird. So verfolgen Sie den effizientesten Konfliktlösungsstil. Auch wenn Ihnen dieser Konfliktlösungsstil zunächst einen größeren Zeit-, Energie- und Gesprächseinsatz abverlangt, sollten Sie ihn praktizieren. Schließlich kommt es auf das Ergebnis unter dem Strich an, welches bei dieser Strategie besonders vorteilhaft für alle Parteien ist. Siehe hierzu auch Seite 225.

11. Sie beklagen Ihre zu gering ausgeprägte Durchsetzungskraft

Charismatische Führungspersönlichkeiten, die sich durch ihre Ausstrahlung, ihre Persönlichkeit und ihre Begeisterungsfähigkeit auszeichnen und die Herzen und Köpfe ihrer Mitarbeiter im Fluge erobern, begegnen uns selten. Die Zahl der „geborenen" oder „begnadeten" Führer ist verschwindend klein, sodass im Regelfall „Normalsterbliche" Führungsfunktionen übernehmen. Und für die kann es existenziell sein, ob es gelingt, sich zu behaupten und Entscheidungen in Erfolg versprechender Weise durchzusetzen.

Jedoch sollten Sie hinsichtlich des Durchsetzungsvermögens einiges beachten: Für Sie als Vorgesetzter ist es unklug, stets die Ellenbogen auszufahren, die eigene Position mit Brachialgewalt zu vertreten und mit Brachialgewalt durchzusetzen. Denn so lassen Sie links und rechts Ihres Weges Menschen zurück, die Ihnen nicht wohl gesonnen sind und wegen des aufgebauten Drucks den Kontakt zu Ihnen auf das unbedingt notwendige Maß reduzieren. Von selbstbewussten Mitarbeitern hingegen wird Ihr Druck mit Gegendruck beantwortet, sodass sich bei allen Beteiligten die Stresskurven erhöhen und die Leistungsergebnisse auf einem niedrigen Level einpendeln.

Kein Durchsetzen auf Biegen und Brechen

Aber auch der gegenteilige Fall ist nicht ideal: Bei fehlendem oder gering ausgeprägtem Durchsetzungsvermögen werden Sie in Ihrer Führungsrolle nicht akzeptiert. Wer immer wieder „um des lieben Friedens willen" Nachgiebigkeit signalisiert (Seite 31) kommt schnell in Verruf, ein Weichei, Warmduscher, Jein-Sager oder Leisetreter zu sein. Welcher Mitarbeiter will sich schon mit einer unterordnungsbereiten und im Regelfall erfolglosen Führungskraft identifizieren?

Häufiges Nachgeben

Unter Durchsetzungsvermögen bzw. -kraft verstehen wir Selbstbehauptung und Beharrlichkeit, die zum Erreichen betrieblicher Ziele notwendig und verträglich ist. Den Respekt Ihrer Mitarbeiter genießen Sie eher, wenn Ihr Durchsetzungswille mit verbindlichen Umgangsformen und wertschätzender Grundeinstellung gepaart ist (Nettigkeit schließt Führungskraft nicht aus), Sie in der Sache aber klare Positionen beziehen.

„Realisierer mit sozialem Geschick"

10 Durchsetzungsstrategien

Durchsetzungsvermögen beruht auf dem Zusammenspiel Ihrer rationalen, emotionalen, akustischen und visuellen Reaktionen. Aus der Vielzahl von Durchsetzungsstrategien sollen folgende zehn Empfehlungen kommentiert werden:

1. Gestalten Sie aktiv Ihren Wirkungsbereich

Vorgesetzte müssen ihre Mitarbeiter führen und sollen sich nicht nur darauf konzentrieren, ihre Sachaufgaben ordentlich zu erledigen. Sie dürfen die Dinge in ihrem Wirkungsbereich nicht passiv auf sich zukommen lassen, sondern sollen das Geschehen aktiv gestalten. Lassen Sie die Dinge um sich herum nur geschehen, ohne sie selbst anpackend, regelnd und steuernd zu gestalten, würden andere Menschen das Führungsvakuum füllen und den abwartenden Vorgesetzten zu einem ausführenden Organ degradieren. Führungskräfte, die lediglich als Spielball in den Händen anderer ihr Dasein fristen, sind fehl am Platze und werden längerfristig kaum eine exponierte Stellung behalten können. Die Devise für jeden Vorgesetzten muss demzufolge lauten:

> **Ich muss den ersten Schritt tun, ich will agieren, anstatt immer nur zu reagieren.**

Selbstvertrauen erforderlich

Hierfür ist es nicht nur erforderlich, den eigenen Mitarbeitern Vertrauen entgegenzubringen, sondern auch Zutrauen zur eigenen Person zu haben. Welche brachliegenden Ressourcen in Ihnen schlummern und wann Sie an Ihre Grenzen stoßen, ist völlig ungewiss. Mit einem gesunden Selbstvertrauen nehmen Sie die Fahne in die Hand und marschieren los – und Ihre Mitarbeiter werden Ihnen folgen. Sie werden durch dieses Handeln die Aussage „Wer macht, hat Macht" bestätigt sehen. Allerdings dürfen Sie keinen blinden Aktivismus praktizieren, sondern sollten wohl vorbereitet nach dem Grundsatz „Erst denken, dann handeln" starten.

Bedenkenträger und Pessimisten gibt es immer wieder. Sie erklären, weshalb sich ein Einsatz nicht lohnt und weshalb Träume niemals Realität werden können. Aber Sie wissen es besser: Oft genügt bereits ein gut vorbereiteter Versuch, um positive Ergebnisse einzufahren. Damit wird bestätigt, dass die Welt den Machern und Optimisten gehört.

2. Setzen Sie sich klare Ziele

Bevor Sie auf Ihre Mitarbeiter einwirken, machen Sie sich zunächst klar, was erreicht werden soll. Es ist unstrittig, dass ein wirkungsvolles Arbeiten nur dann möglich ist, wenn Ihren Handlungen klare Ziele vorangestellt werden. Ziele bewirken Selbstdisziplin, weil sie den Spielraum für Ad-hoc-Entscheidungen und planlose Aktivitäten einengen. Dabei ist nicht das bloße „Machen" gefragt, sondern das zielgerichtete, geplante und disziplinierte Durchführen. Klar definierte Ziele helfen, Ihre Aufgaben nicht zu verfehlen, da sie deutlich die Richtung weisen und Umwege, Umleitungen, Ablenkungen und Nebenschauplätze verhindern. Sie stellen den Maßstab dar, an dem der Fortschritt gemessen und die beabsichtigten Aktionen ständig bewertet werden können. Die zur Verfügung stehenden Kräfte und Ressourcen können Sie „stromlinienförmig" auf das Wesentliche ausrichten. Auch lässt sich besser kritisch hinterfragen, ob das, was Sie tun, zum Erreichen des anvisierten Ziels notwendig ist.

Setzen Sie sich für eigene Handlungen – insbesondere wenn Sie auf Ihre Mitarbeiter einwirken wollen – Ziele, an die Sie glauben und mit denen Sie sich identifizieren. Eine einprägsame Art, die wichtigsten Eigenschaften von Zielen zu beschreiben, bietet das Akronym SMART:

Ziele sollten SMART sein

S = spezifisch = klar, eindeutig bzgl. Inhalt, Ausmaß, Zeit
M = messbar = durch Zahlen, Daten feststellbar

A = aktiv beeinflussbar = aus eigenen Aktivitäten erreichbar
R = realistisch = nicht überfordernd
T = terminiert = mit Terminangabe, auch bei Teilzielen

Beispiele für SMART-Ziele

Die folgenden Zielformulierungen beinhalten die wesentlichen Aspekte.

- Mitarbeiter X führt bis Jahresende vier Kundenveranstaltungen erfolgreich durch, wobei insgesamt mehr als 80 Kunden teilnehmen, die eine durchschnittliche Gesamtbeurteilung im Befragungsbogen von mindestens 2,5 abgeben.
- Umsatzsteigerung für Produkt X in diesem Jahr um mindestens 15 Prozent gegenüber dem Vorjahr bei unveränderter Mitarbeiterzahl.
- Durch Maßnahmen der Unfallverhütung erreichen, dass im kommenden Jahr weniger als 5 schwere Unfälle auf 10 Millionen Arbeitsstunden entfallen.
- Personalbeschaffungskosten im Jahresdurchschnitt auf das 1,2fache des ersten Bruttomonatseinkommens der neu eingestellten Mitarbeiter bis zur Sachbearbeiterebene senken.

3. Gewöhnen Sie sich eine positive Einstellung zu sich selbst an

Engen Sie Ihre Möglichkeiten nicht mit Selbstzweifeln ein, die in den Aussagen gipfeln „Das kann ich nicht", „Das wird ja doch nichts" usw. Schieben Sie Selbstzweifel sofort beiseite. Sie erweisen sich als leistungshemmend und destruktiv, je länger Sie sich mit ihnen beschäftigen. Mit einer negativen Autosuggestion (= Selbstbeeinflussung) stellen Sie die Weichen in Richtung Misserfolg. Die Gefahr ist sehr groß, dass sich Ihre pessimistischen Prophezeiungen selbst erfüllen, weil Ihre Programmierung eine optimistische Einschätzung nicht zulässt.

Die positive Selbstbeeinflussung, Ihr positiver innerer Dialog, ist die wirkungsvollste Möglichkeit, sich von Befürchtungen oder negativen Umwelteinflüssen zu befreien. Sie brauchen die Kraft des positiven Denkens! Marc Aurel schrieb bereits im 2. Jahrhundert n. Chr.: „Das Leben ist das, was die Gedanken aus ihm machen".

Kraft des positiven Denkens

4. Stehen Sie zu Ihren Entscheidungen

Sie treffen keine Entscheidungen um ihrer selbst willen. Ihren Entscheidungen muss sich die Verwirklichung anschließen. Haben Sie eine Entscheidung nach bestem Wissen und Gewissen getroffen, sollten Sie Entschlusskraft demonstrieren und das Ergebnis längerfristig und konsequent tragen, vertreten und gegen destruktive Zweifel abschirmen. Fatal wäre eine halbherzig getroffene Entscheidung, bei der Sie bereits beim ersten Aufkommen innerer oder äußerer Widerstände eine Umkehr erwägen. Vermeiden Sie den Blick zurück, denn der verunsichert oft, und ersparen Sie sich weiteres Grübeln. Sie können nicht zweifeln und gleichzeitig Ihre uneingeschränkte Aufmerksamkeit auf die Realisierung der Entscheidung richten.

Selbst wenn Ihre Entscheidung nicht optimal war, werden Sie bei entschlossener Durchführung bessere Ergebnisse erzielen als bei einer idealen Entscheidung, die wegen Ihrer Unsicherheit nur halb, zu spät oder überhaupt nicht in die Praxis umgesetzt wird.

Jede Ihrer Entscheidungen kann trotz Beachtung sämtlicher wohlmeinender Empfehlungen misslingen. Für Fehlentscheidungen können folgende Gründe verantwortlich gemacht werden:

Mit Fehlentscheidungen umgehen

- Die in Ihre Entscheidung eingeflossenen Daten aus der Vergangenheit erwiesen sich als unvollkommen.

■ Zwar waren die zugrunde liegenden Daten richtig und vollständig, sie wurden aber falsch interpretiert.

■ Die Entwicklung verlief anders, als Sie es bei Ihrer Entscheidung angenommen hatten.

Erkennen Sie eine Fehlentscheidung, müssen Sie zur Schadensbegrenzung oder -beseitigung erneut entscheiden und handeln. Nur in Ausnahmefällen kann das Motto „Augen zu und durch" empfehlenswert sein. Indem Sie eine Fehlentscheidung eingestehen und sich sogleich um eine sorgfältige, systematische und selbstkritische Lösung bemühen, wird Ihre Autorität keinen Schaden nehmen. Beachten Sie: Auch dann, wenn Ihre Mitarbeiter in den Entscheidungsprozess einbezogen wurden, dürfen Sie ihnen eine Fehlentscheidung nicht anlasten. Sie sind der Vorgesetzte, Sie sind der Entscheider, Sie tragen deshalb die Verantwortung – und machen Ihre Mitarbeiter im Falle eines Misserfolges demzufolge auch nicht zu Prügelknaben!

5. Sagen Sie hin und wieder auch NEIN
Entwendet uns ein Dieb unser Hab und Gut, setzen wir uns selbstverständlich zur Wehr. Wird uns unser wichtiges Gut „Zeit" gestohlen, sollten wir diesem Tun auch nicht tatenlos zusehen. Da Sie für Ihre Zeit die Verantwortung tragen, wirken Sie Zeitdieben im Rahmen Ihrer Möglichkeiten entgegen.

Das zeitsparendste Wort der Welt heißt NEIN!!!

Viele Vorgesetzte haben einen Sprachfehler: Sie können nicht NEIN sagen. Egal, wer sich einen Tag frei nehmen will, den Dienst tauschen möchte oder Hilfe bei einem längst überfälligen Projekt braucht – sie alle bekommen als Antwort ein JA. Diese Unfähigkeit, NEIN zu sagen, stellt einen der größten Zeitdiebe im Arbeitsalltag dar. Bedenken Sie: Sie sind nicht automatisch Everybody's Darling, indem Sie zu allem Ja und Amen sagen. Kommen Sie Ihren Mitmenschen stets entgegen oder „verbiegen" sich, um die Wertschätzung Ihrer Mitarbeiter zu erlangen, wird dies schamlos ausgenutzt. Sagen Sie aber zur rechten Zeit ein entschiedenes, aber höfliches NEIN, geht hiermit ein Zeitgewinn einher und Sie werden stolz auf sich sein, sich durchgesetzt zu haben.

Möglicherweise haben Sie sich bisher gefreut, wenn Sie von Mitarbeitern um Rat und Tat gebeten wurden (häufig eine verkappte Form der Rückdelegation – Seite 165):

**„Helfersyndrom"
ablegen**

- „Könnten Sie nicht eben für mich ...",
- „Hier komme ich nicht weiter, wissen Sie nicht ...",
- „Darf ich einmal Ihre Hilfe in Anspruch nehmen ..."

Auch wenn unterschwellig Angst aufkommt, den Ratsuchenden durch eine Ablehnung zu verletzten oder wegen des Versagens von Unterstützung als un-sozial, wenig kooperativ oder wenig kompetent zu gelten, sollten Sie Ihr Zeitbudget nicht aus dem Auge verlieren und nötigenfalls mit einem NEIN reagieren. Denn kümmern Sie sich immer und sofort um die Anliegen und Bedürfnisse Ihrer Mitmenschen, kommen Sie kaum mehr zu Ihrer eigentlichen Arbeit. Ihre bedeutsamen eigenen Aufgaben werden verzögert, jede wohldurchdachte Zeitplanung wird null und nichtig, Ihre Handlungs- und Planungsspielräume werden zunichte gemacht und Ihr „Helfersyndrom" führt letztlich zu einer Verringerung Ihrer Freizeit. Setzen Sie sich durch und haben Sie auch den Mut, bei einem randvoll ausgefüllten Arbeitsvolumen keine neuen Herausforderungen anzunehmen, ohne an anderer Stelle etwas abzugeben.

Natürlich macht gerade beim NEIN-Sagen der Ton die Musik. Ihre Zurückweisung sollte weder schroff noch unfreundlich sein. Erklären Sie Ihrem Gesprächspartner klar, dass sich Ihr NEIN auf die Sache bezieht und nicht auf seine Person.

6. Strahlen Sie über Ihre Körpersprache Selbstbewusstsein und Durchsetzungskraft aus

Die meisten Menschen wissen körpersprachliche Signale richtig zu deuten, mit denen sich unbewusst unsichere Menschen zu erkennen geben. Sie wirken meistens zaghaft, ängstlich, gehemmt und ausweichend. Eine leise Stimme und ein zumeist nach unten gerichteter Blick werden mit bezeichnender Haltung und Gestik verbunden: häufiges Zupfen an der Kleidung, fahrige Handbewegungen, ständiges Herumrutschen auf dem Stuhl, Füße winden sich um die Stuhlbeine, Sitzen auf der Stuhlkante, Kratzen am Kopf, Finger am Mund und verschränkte Arme. All das signalisiert eine intensiv empfundene Unsicherheit. Eine derart auftretende Führungskraft könnte sich auch gleich ein großes Schild mit der Aufschrift „Ich setze mich nicht durch, niemand braucht meine Gegenwehr zu fürchten" um den Hals hängen.

Vermeiden Sie die beschriebenen Unsicherheitsgesten und bemühen Sie sich auch in Stresssituationen um eine aufrechte, offene Körperhaltung (leichtes Nach-hinten-Drücken der Schultern, leicht aufgewölbter Brustkorb, aufgerichteter Kopf, angedeuteter elastischer Gang), mit der Sie auf Ihre Gesprächs-, Kooperations-, aber auch Durchsetzungsbereitschaft verweisen.

7. Pflegen Sie Blickkontakt

Das Vermeiden von Blickkontakt zeugt von Unsicherheit und verhindert ein vertrauensvolles Gesprächsklima. Menschen, die ihren Gesprächspartnern nicht in die Augen sehen, schaffen Distanz und lassen einen zwischenmenschlichen Kontakt gar nicht erst aufkommen.

Schauen Sie also Ihren Gesprächspartner an, wenn er spricht. Nehmen Sie ihn bewusst wahr. Vermeiden Sie jede Unruhe im Blickkontakt. Sehen Sie niemals zu Boden (ein untrügliches Zeichen von Unsicherheit bzw. Unterlegenheit), es sei denn, Sie denken einen Moment nach. Sprechen Sie selbst, sollten Sie einen zu langen Blickkontakt meiden, sondern zwischendurch Ihren Blick einige kurze Momente auf Wanderschaft schicken, ihn dann aber immer wieder auf Ihren Gesprächspartner richten. Damit vermeiden Sie ein bedrohlich wirkendes beharrliches Anstarren (was unter Primaten eine Drohgebärde darstellt). Spricht Ihr Gegenüber, wird Ihr längerer Blickkontakt als Zeichen Ihres Interesses und Ihrer Aufmerksamkeit positiv registriert.

Blickkontakt zeigt Interesse

8. Geben Sie klare und unmissverständliche Anweisungen

Demonstrieren Sie Ihre Souveränität und Ihr Durchsetzungsvermögen durch klare, präzise Anweisungen. Mit unzuverlässigen Mitarbeitern sollten Sie sogleich Erledigungstermine vereinbaren und die Einhaltung akribisch kontrollieren. Denn die Kontrolle gehört zu Ihren nicht delegierbaren Führungsaufgaben. Worauf Sie weiter bei der Erteilung von Anweisungen zu achten haben, lesen Sie auf den Seiten 211 bis 216.

9. Kommen Sie auf den Punkt

Vermutlich haben Sie sich schon mehrfach ausgiebig gelangweilt, wenn ein Drumherumsprecher Ihnen Ihre kostbare Zeit raubte. Als wohltuend haben Sie hingegen Wortbeiträge empfunden, in denen kurz, präzise und überzeugend eine Meinung dargestellt wurde. So leistet beispielsweise in Besprechungsrunden oder Überzeugungsgesprächen die sogenannte „Standpunktformel" gute Dienste und ermöglicht Ihnen, Pluspunkte zu sammeln und Ihr Ziel eher zu erreichen. Gehen Sie hierbei schrittweise vor:

Ihre Meinung	Indem Sie sogleich sagen, ob Sie die Pro- oder Contra-Seite vertreten, ziehen Sie die Aufmerksamkeit der Zuhörer für die kommenden Aussagen auf sich. Ihre Sympathisanten freuen sich, die eigene Meinung von Ihnen bestätigt zu erhalten und hören zu, während Andersdenkende erst recht ihre Ohren spitzen werden, um später zu versuchen, Ihnen Paroli zu bieten.
Begründung	Bringen Sie nur die wichtigsten Argumente vor, welche Ihren Standpunkt rechtfertigen und unterstützen.
Beispiele	Schildern Sie einen Sachverhalt lediglich abstrakt, so bleibt Ihre Aussage farblos. Ein nachfolgendes Beispiel – also ein konkreter Fall – illustriert Ihre Aussage, macht sie plastisch, wirkt oft hautnah und steigert die Überzeugungskraft.
Schlussfolgerung	Sie fassen Ihre Argumente ganz kurz zusammen und zeigen die Konsequenzen auf.
Aufforderung	Ihre Zuhörer sollen in Ihrem Sinne urteilen und handeln. Ihre Aktionsanstöße müssen klare Aussagen enthalten, sodass die Zuhörer zweifelsfrei die „Marschrichtung" erkennen. So fordern Sie beispielsweise auf,

- in eine Diskussion einzutreten,
- wie von Ihnen empfohlen vorzugehen oder
- eine Entscheidung zu treffen.

10. Vermeiden Sie „Weichmacher"

Wenn Menschen über Dinge reden, deren sie sich nicht sicher sind, werden auch ihre Worte verschwommen. Zweifelt jemand an den eigenen Argumenten, wird er unbewusst „Weichmacher" in seinen Ausführungen verwenden. Als „Weichmacher" erkennen wir:

Konjunktive (Möglichkeitsformen)

„Wäre, könnte, müsste" Es soll wohl ein Zeichen von Bescheidenheit, Zurückhaltung und Höflichkeit sein, wenn jemand erklärt:

■ „Ich möchte meinen, es wäre vorstellbar ...“
■ „Ich würde sagen, diese Zeiteinteilung könnte ...“
■ „Ich könnte mir vorstellen, es wären günstiger ...“

Mit diesen Formulierungen wirken Sie zögerlich, unsicher, wenig kompetent und in keiner Weise selbstbewusst. Wesentlich überzeugender bringen Sie Ihre Meinung im Indikativ (Wirklichkeitsform) zum Ausdruck:
■ „Ich kann mir sehr gut vorstellen, dass ...“
■ „Mit dieser Zeiteinteilung wird es uns gelingen ...“
■ „Ich schlage vor, wir machen es so und so ...“

Da Sie sich mit Ihren Aussagen identifizieren, vertreten Sie diese mit Überzeugung. Ihre Mitarbeiter werden Ihnen sogleich ein höheres Maß an Kompetenz und Souveränität zugestehen.

Abschwächende Füllwörter

Wollen Sie etwas bewegen oder sich durchsetzen, backen Sie keine „kleinen Brötchen“ mit unverbindlichen und abschwächenden Aussagen:

„Normalerweise, kaum, gewissermaßen“

■ *Normalerweise* entstehen bei diesem Produktionsverfahren keine Schäden.
■ Im *Allgemeinen* funktioniert diese Anlage *recht gut*, sodass *kaum* Reklamationen auftreten.
■ Unsere Lieferanten sind mit diesen Bedingungen *eigentlich* immer gut gefahren.
■ Die Kundschaft ist *mehr oder weniger* zufrieden.
■ Dieses Argument ist *gewissermaßen* der Ausgangspunkt ...

Hoffnungsformulierungen

Auch Hoffnungsformulierungen sollten Sie aus Ihrem zukünftigen Sprachgebrauch verbannen, denn so bleibt das Gesagte vage und wirkt nicht besonders überzeugend:

„Hoffe, glaube“

■ „Ich hoffe, mit meinen Ausführungen erreicht zu haben ...“
■ „Ich glaube, hier wurde ein guter Anfang gemacht ...“

Werden Sie lieber konkret:

- „Ich bin sicher / ich bin davon überzeugt"
- „Dies ist ein interessanter Anfang"

Bevor Sie „Weichmacher" vortragen, wäre es für Sie besser, überhaupt nichts zu sagen, wenn Sie sich Ihrer Sache nicht sicher sind. Streichen Sie jegliche Art von „Weichmachern" aus Ihrem Wortschatz und bemühen Sie sich stattdesen um eine klare und eindeutige Sprache.

Auf den Punkt gebracht

Mit den 10 Vorschlägen zur Steigerung Ihrer Durchsetzungskraft stehen Ihnen erprobte Instrumente zur Verfügung. In Phasen der Unsicherheit sprechen Sie sich Mut zu und klopfen sich – bildlich gesehen – hin und wieder kräftig und anerkennend selbst auf die Schulter! Sie brauchen Ihr Licht nicht unter den Scheffel zu stellen. Personen, die Ihr Leistungsvermögen positiv einschätzen, schenken Ihnen mit der Übertragung des Führungspostens ihr Vertrauen, dass Sie der neuen Aufgabe gewachsen sind und sie erfolgreich ausfüllen werden. Im Übrigen vergegenwärtigen Sie sich, dass Sie in Ihrem Leben schon viele schwierige Situationen überstanden haben und diverse Erfolgserlebnisse verbuchen konnten.

12. Sie neigen dazu, Ihren Mitarbeitern zu misstrauen

Vermeiden Sie den Fehler, sich um alles zu kümmern, weil Sie Ihren Mitarbeitern nicht oder nur sehr eingeschränkt vertrauen und ihnen vor allem nicht zutrauen, die Aufgaben selbstständig und ordentlich zu erledigen. Wer ständig misstraut, arbeitet selbst viel zu viel. Und wer zu viel arbeitet, verliert den Überblick und wird als Führungskraft seinen Aufgaben nicht mehr in erfolgreicher Weise gerecht.

Wie ist es um Ihre Bereitschaft bestellt, Misstrauen abzubauen und Vertrauen entgegenzubringen? Sie sind skeptisch? Lassen Sie sich mit folgenden Fragen zum Nachdenken über den Stellenwert von Vertrauen anregen:

Vertrauen Sie?

Checkliste	Ja	Nein
Ist Vertrauen zugleich Bedingung wie Folge kooperativen Führens?	❏	❏
Verlangt der angestrebte kooperative Führungsstil nach vertrauensvoller Zusammenarbeit?	❏	❏
Haben wir es im Regelfall eher mit fähigen und mündigen Menschen zu tun, denen wir unser Vertrauen schenken können?	❏	❏
Setzt Vertrauen auch Selbstvertrauen voraus, weil wir uns selbst trauen müssen, Ungewissheit und Risiko in Kauf zu nehmen?	❏	❏

	Ja	Nein
Lassen wir mit unserem Vertrauen auf der zwischenmenschlichen Ebene auch ein hohes Maß an persönlichem Selbstbewusstsein erkennen?	❏	❏
Empfinden Mitarbeiter mit Skepsis und Zukunftsängsten ein vertrauensvolles Verhältnis zu ihrem Vorgesetzten als besonders wichtige Voraussetzung für eine gedeihliche Zusammenarbeit?	❏	❏
Reagieren Mitarbeiter auf entgegengebrachtes Vertrauen mit Zutrauen und größerem Engagement?	❏	❏
Ist mit einem Vertrauensvorschuss „Ich bin sicher, Sie können das!" oder „Ich setze auf Ihre Fähigkeiten" ein Motivationsschub verbunden?	❏	❏
Haben Sie Hemmungen, Ihnen entgegengebrachtes Vertrauen zu missbrauchen?	❏	❏
Besitzt das in Sie gesetzte Vertrauen den Aufforderungscharakter, sich diesem Vertrauen würdig zu erweisen?	❏	❏
Beruht ein Pfeiler Ihres Wohlbefindens auf der Tatsache, dass Sie einigen Menschen großes Vertrauen schenken und eine positive Reaktion erfahren?	❏	❏

Die Anzahl Ihrer zustimmenden Antworten wird bei Weitem Ihre Nein-Wertungen übersteigen. Spätestens nach Beantwortung dieser Fragen sollte Ihnen der hohe Stellenwert von Vertrauen bewusst geworden sein.

Vertrauen baut auf – Misstrauen lähmt!

Vertrauen als Schlüssel für eine gedeihliche Zusammenarbeit

Ohne Vertrauen, Mut und Risikobereitschaft erreichen Sie nur das Minimum. Aktivieren Sie Ihr Misstrauen, reagiert der Mitarbeiter in gleicher Weise, und es kommt schnell zu einer alles überschattenden destruktiven „Misstrauensspirale". Wollen Sie jedoch das Maximum mit und von Ihren Mitarbeitern, so brauchen Sie nicht nur den Glauben an sich selbst. Auch Ihre Mitarbeiter müssen spüren, dass Sie an sie glauben und ihnen vertrauen.

Ihr Vertrauen in Ihre Mitarbeiter bleibt stets ein Wagnis und sollte nicht bei einem geringfügigen Anlass – beispielsweise bei einem ersten Fehler – sofort entzogen werden. Statt sogleich nach dieser Enttäuschung Ihr Misstrauen zu aktivieren, üben Sie in einer vertrauensvollen Atmosphäre aufbauende Kritik (siehe Seite 78). Erst bei offensichtlich nicht einsichtigen oder oppositionellen „Wiederholungstätern" sollten Sie über verstärkte Kontrollen erhöhte Vorsicht walten lassen.

Vertrauen erweckt Vertrauen

In dem Maße, in dem Sie Ihren Mitarbeitern Vertrauen entgegenbringen, werden auch Sie das Vertrauen der Mitarbeiter in Sie aktivieren und erhalten. Treten Sie Ihren Mitarbeitern offen, ehrlich und geradlinig gegenüber, schaffen Sie eine Vertrauen erweckende und Vertrauen fördernde Basis. Je mehr Sie Vertrauen entgegenbringen, desto weniger sind Sie genötigt, Macht einzusetzen und Druck auszuüben, um Ihren Weisungen Verbindlichkeit zu verleihen. Dann werden Ihre Mitarbeiter Ihnen auch einen gelegentlichen Fehler oder eine Schwäche nicht sogleich als unverzeihliches Manko ankreiden.

Vertrauen aufbauen und vertiefen

Um das Vertrauen Ihrer Mitarbeiter zu gewinnen, beachten Sie folgende Gesichtspunkte:

1. Bemühen Sie sich um eine verständnisvolle Kommunikation.
- Bringen Sie Ihren Mitarbeitern Aufmerksamkeit entgegen.
- Zeigen Sie Einfühlungsvermögen.
- Bemühen Sie sich redlich, Ihre Mitarbeiter zu verstehen.

2. Vermeiden Sie bedrohliche Handlungen.
- Ihr Handeln muss durchschaubar sein.
- Ihr Handeln muss authentisch sein.
- Ihr Kontroll- und Kritikverhalten muss sachorientiert und konstruktiv sein.

3. Arbeiten Sie bewusst am Aufbau von Vertrauen
- Fördern Sie Ihre Mitarbeiter.
- Geben Sie verdiente Anerkennung.

Kontrollen trotz Vertrauen

Selbst wenn Sie auf Ihre Mitarbeiter mit einem großen Vertrauensvorschuss zugehen, sollten Sie Ihnen kein blindes Vertrauen entgegenbringen, sondern ein „Vertrauen mit wachsamem Auge". Bei einem blinden Vertrauen wären Enttäuschungen unausbleiblich, denn kein Mensch arbeitet auf Dauer fehlerfrei. Hier kommt Ihre nicht delegierbare Führungsaufgabe Kontrolle ins Spiel, zu der Sie im nächsten Abschnitt ausführliche Informationen erhalten.

Auf den Punkt gebracht

Handeln Sie nicht nach der Devise „Der Mitarbeiter soll sich zunächst mein Vertrauen verdienen, erst dann bin ich bereit, ihm Vertrauen zu schenken". Gehen Sie besser in Vorleistung und zeigen ihm Ihr „Vertrauen mit wachsamem Auge". Mitarbeiter kommen doch nicht in den Betrieb, um Sabotage zu üben oder Ihre Arbeit gegen die Wand zu fahren. Vielmehr wollen sie sich mit ihrer Arbeit identifizieren, Eigenverantwortung übernehmen und Erfolgserlebnisse genießen – rundum beste Voraussetzungen, um mit dem von Ihnen gezeigten Vertrauen einen Motivationsschub zu initiieren. Das Vertrauen zwischen Ihnen und Ihren Mitarbeitern ist die Basis für jeden Erfolg!

13. Sie kontrollieren Ihre Mitarbeiter nicht oder nur selten

Prüfen Sie sich selbst: Zucken Sie als Mitarbeiter nicht auch ein wenig zusammen, wenn Sie erfahren, dass Ihr Vorgesetzter Sie kontrollieren will? Und bereitet es Ihnen als Vorgesetzter wirklich Freude, Kontrolle auszuüben und dabei die Blicke verunsicherter Mitarbeiter auf sich zu ziehen?

Dennoch sollten Sie die Kontrolle als unverzichtbare und sachlich begründete Führungsaufgabe betrachten, der Sie nachkommen müssen.

Gründe für das Erfordernis von Kontrollen

▪ Sie wissen mittels ausgeübter Kontrollen über die Situation in Ihrem Bereich Bescheid. Mit Kontrollen versuchen Sie, die Risikofaktoren bei der Aufgabenbewältigung in den Griff zu bekommen.

▪ Sie überprüfen die Erfüllung vereinbarter Ziele. Termine, Normen, Qualität, Quantität, Wirtschaftlichkeit und Arbeitssicherheit werden eher sichergestellt.

- Indem Sie die Einhaltung von Unfallverhütungsvorschriften kontrollieren, bewahren Sie Ihre Mitarbeiter vor Unfällen und Krankheiten.
- Kontrollen bestätigen den Mitarbeiter in seinem richtigen Verhalten und führen zur Anerkennung guter Leistungen, sodass Kontrollen motivierend wirken.
- Kontrollen helfen dem Mitarbeiter, leistungshindernde Faktoren zu erkennen, sodass eine Verbesserung und Weiterentwicklung möglich wird. Festgestellte Fehler werden durch sachliche Kritik behoben und künftig vermieden.
- Kontrollen wirken auf manche Mitarbeiter erzieherisch und spornen an. Sie können die Entwicklung des Mitarbeiters positiv beeinflussen. Entwicklung ist nur möglich, wenn dem Mitarbeiter transparent wird, ob sein Verhalten zum Erfolg führt oder nicht.
- Fehlen Kontrollen, kann beim Mitarbeiter der Eindruck entstehen, seine Arbeit und damit auch er selbst sei für das Betriebsgeschehen unwichtig.
- Bei Kontrollen können Fehler zutage treten, die der Mitarbeiter selbst nicht erkennt. Vielleicht fehlen ihm notwendige Informationen oder er hat etwas falsch verstanden. Zweifellos verfügen zwei Menschen über eine größere Erfahrung und vermögen eher Fehler zu entdecken als nur eine Person.
- Leistungsstarke Mitarbeiter stehen der Kontrolle positiv gegenüber, da hierdurch ihre Anstrengungen erkannt werden und sich die Chance vergrößert, beruflich vorwärts zu kommen.
- Der Mitarbeiter hat ein Recht zu erfahren, wie seine Leistungen und sein Arbeitsverhalten beurteilt werden. Die Gefahr der Diskrepanz zwischen Selbsteinschätzung und Fremdeinschätzung vermindert sich.
- Werden bei Kontrollen Fehler erkannt, prüfen Sie auch, ob nicht auch Sie den Fehler mitverursacht haben.

Verständnis für Kontrollen schaffen

Manche Mitarbeiter empfinden Kontrollen als unangenehm, entwürdigend, sogar beleidigend und als eklatantes Zeichen von Misstrauen. Sie lehnen die Kontrolle als Relikt autoritärer Vorzeit ab, die als schikanöse Maßnahme des Vorgesetzten verstanden wird, der auf die Suche nach einem Schuldigen geht, um diesem „etwas anhängen" zu können oder ihn „in die Pfanne zu hauen". Die Kontrollen werden als ständige psychische Belastung empfunden, als Strafexpeditionen erlebt oder als Mittel zur Befriedigung persönlicher Herrschafts- oder Rachegelüste des Vorgesetzten gedeutet. Hand aufs Herz: Können Sie derartige Vorbehalte verübeln?

Misstrauen gegen Kontrollen

Vermutlich hat die Ablehnung von Kontrollen ihren Ursprung in erlebter falscher oder zumindest ungeschickter Durchführung von Kontrollen. Ein geradezu auf Fehler lauernder Vorgesetzter, der jederzeit zum Losdonnern bereit ist, produziert Konflikte und Arbeitsunlust. Je weniger Kontrollen aber als „Polizeiaktionen" oder als reine Überwachungs-, Fehlerfindungs- und Bestrafungsinstrumente verstanden werden, umso mehr werden sie von den Mitarbeitern als sinnvoll, hilfreich und notwendig anerkannt.

Schlechte Erfahrungen

Es liegt an Ihnen, Ihre Mitarbeiter aufzuklären, dass in jeder Organisation Kontrollen durchgeführt werden müssen, und zwar in allen Bereichen und auf allen hierarchischen Ebenen (selbst exzellente Wirtschaftsführer unterliegen dem Kontrollorgan „Aufsichtsrat"). Keiner Ihrer Mitarbeiter sollte künftig den Eindruck haben, Sie würden praktisch nur ihn kontrollieren, ihm ständig auf die Finger schauen. Vielmehr sollten Sie ihm die Einsicht vermitteln, dass jeder Vorgesetzte mit seinen Kontrollen einer sachnotwendigen Verpflichtung nachkommt.

Notwendigkeit vermitteln

Selbst wenn Mitarbeiter die Notwendigkeit von Kontrollen akzeptieren, können Sie bei falscher oder ungeschickter Durchführung von Kontrollen sowie bei Einsatz einer unangebrachten Kontrollart auf Widerstand stoßen. Folgend soll geklärt werden, welche Vorzüge bzw. Schattenseiten die häufig in der Praxis anzutreffenden Kontrollarten aufweisen.

Kontrollarten

Ausführungs-/Verhaltenskontrolle

Diese Kontrollart stellt die Person des Mitarbeiters in den Vordergrund (Wie macht er das?) und wird deshalb vielfach als der Sache nicht dienlich, einengend, schikanös und überflüssig abgelehnt. Sie sollten Ausführungs-/Verhaltenskontrollen deshalb nur in zwei Fällen vorsehen:

1. Fehlerhaftes Verhalten führt zu umständlicher, zeit- oder kostenaufwendiger Aufgabenerledigung.
2. Trotz fehlerhaften Verhaltens wurden bisher gewünschte Ergebnisse erreicht. Dennoch sind zukünftig bei gleichem Verhalten gravierende Misserfolge nicht auszuschließen (z.B. falsche Arbeitsgewohnheiten wie Nichtbeachtung von Unfallverhütungsvorschriften auf technischem Sektor oder von Hygienevorschriften im Nahrungsmittelbereich).

Fremd- und Selbstkontrolle

Erfolgt die Kontrolle durch den Vorgesetzten, sprechen wir von Fremdkontrolle. Fremdkontrolle ermöglicht objektivere Ergebnisse und vermeidet Selbsttäuschung. Allerdings wird sie von manchem Mitarbeiter als störend und unangenehm empfunden, weil ihm hierdurch seine Abhängigkeit und Unselbstständigkeit vor Augen geführt wird.

Kontrolliert der Mitarbeiter seine Arbeitsergebnisse zunächst selbst, wird das als Selbst- bzw. Eigenkontrolle bezeichnet. Sie entspricht dem Bild vom eigenverantwortlichen und mit den erforderlichen Kompetenzen ausgestatteten Mitarbeiter. Beachten Sie einige Erwägungen, die für vermehrte Selbstkontrolle sprechen:

- Selbstkontrolle setzt verantwortungsbewusste Mitarbeiter voraus. Mit jeder Verminderung des Anteils der Fremdkontrolle lässt sich die Selbstverantwortung des Mitarbeiters steigern.
- Selbstkontrolle motiviert den Mitarbeiter und fordert ihn zu besseren Leistungsergebnissen heraus.
- Selbstkontrolle entlastet den Vorgesetzten.
- Selbstkontrolle gibt dem Mitarbeiter die Chance, Fehler durch rasche Gegenmaßnahmen aus der Welt zu schaffen, ohne dass andere Personen es bemerken.

Totalkontrolle

Pessimistische und misstrauische Vorgesetzte glauben, dass keine Arbeit so einfach ist, dass Mitarbeiter sie nicht falsch machen könnten. Bei dieser negativen Betrachtungsweise üben sie folgerichtig Totalkontrollen aus. Totalkontrollen sollten nur auf Ausnahmefälle beschränkt bleiben, die auf die Art der Arbeit (z.B. bei besonders risikobehafteten Arbeiten oder beim Fehlen jeglicher Erfahrungswerte) und den Stand der Einarbeitung des Mitarbeiters auszurichten sind. Diese Form der Überwachung, die jegliche Arbeitsfreude und Eigeninitiative im Keim erstickt, ist für den Vorgesetzten eine starke physische und zeitliche Belastung und führt zu Verzögerungen im Betriebsablauf.

Manche Mitarbeiter arrangieren sich mit der Totalkontrolle. Da der Vorgesetzte doch alles kontrolliert, wird die Verantwortung für fehlerfreies Arbeiten an ihn abgegeben: Er sucht schließlich nach Fehlern und findet sie auch! Abgesehen von gelegentlichem Ärger mit dem Vorgesetzten ist man „fein raus". Sie merken: Totalkontrollen können zu Unselbstständigkeit und Sorglosigkeit führen.

Ergebnis-/ Endkontrolle

Ergebniskontrollen (= die Sache betreffend: Ist das Arbeitsergebnis in Ordnung?) zeigen den Beteiligten, in welchem Ausmaß Arbeitsziele oder Teilziele erreicht wurden. Bei dieser Kontrollart wird das gesamte Arbeitsergebnis analysiert, wobei der Weg dorthin außer Betracht bleibt. Die Art und Weise der Arbeitsausführung bleibt dem Mitarbeiter überlassen, sodass seine Initiative und Leistungsbereitschaft gefragt sind. Diese Kontrolle wird vergangenheitsbezogen gehandhabt und deshalb von Kritikern als „Leichenschau" bezeichnet. Der Registrierung des Misserfolges folgt oft nur noch Resignation oder die Begrenzung des eingetretenen Schadens. Um dieses Manko auszugleichen, sollten Sie zusätzlich gegenwartsbezogene Stichprobenkontrollen vorsehen.

Stichproben-kontrolle Mit Hilfe von Stichprobenkontrollen begleiten Sie die Aufgabenerledigung durch Ihre Mitarbeiter und stellen damit sicher, dass die einzelnen Stadien und gewünschten Ergebnisse in der richtigen Form und zur richtigen Zeit erreicht werden. Hierbei steht noch ausreichend Zeit zur Verfügung, Probleme, die während des Arbeitsprozesses erkannt werden, durch rechtzeitige korrigierende Maßnahmen positiv zu beeinflussen.

Stichprobenkontrolle ist ideal

Empfehlungen und Hinweise In ihrer Funktion als Frühwarnsystem kommt dieser Kontrollart eine wichtige Bedeutung zu, sodass sie hier besonders ausführlich behandelt wird. Berücksichtigen Sie bei Ihren Stichproben bitte nachstehende Empfehlungen und Hinweise:

■ Nehmen Sie Stichprobenkontrollen selbst vor, da das Kontrollieren zu den nicht delegierbaren Führungsaufgaben zählt.
■ Da Strichprobenkontrollen der Prophylaxe dienen, nehmen Sie sich dieser Aufgabe kontinuierlich und unter Wahrung der Zufälligkeit an. Der Mitarbeiter muss damit rechnen, dass Sie Stichprobenkontrollen in völlig unregelmäßigen Zeitabständen vornehmen.

■ Für die Durchführung von Stichprobenkontrollen bedarf es keines aktuellen Anlasses. Werden Sie von sich aus aktiv und kommen dieser Führungsaufgabe systematisch nach.

■ Stellen Sie für Ihren Zuständigkeitsbereich einen Kontrollplan in einfacher Form auf. Aus ihm sollten neben den in unregelmäßigen zeitlichen Abständen vorgesehenen Kontrollterminen auch die zu kontrollierenden Arbeiten hervorgehen.

■ Schenken Sie den jeweiligen „strategischen Kontrollpunkten" Ihre besondere Aufmerksamkeit. Strategische Kontrollpunkte sind solche Punkte,

– an denen nach Ihren bisherigen Erfahrungen der Mitarbeiter immer wieder Schwächen erkennen lässt (z.B. bequemes/oberflächliches Arbeiten, Drückebergerei, knapp ausreichendes Know-how, das noch entwickelt werden muss),

– an denen erfahrungsgemäß Probleme/Störungen besonders häufig auftreten,

– an denen Fehler zu weiteren Fehlern oder Abweichungen führen können (Beispiel: Fehler in der Annahme von Reparaturaufträgen, die zu unnötigen oder falschen Arbeiten in der Werkstatt führen) oder

– an denen unter Zeitdruck stehende Arbeiten spätestens begonnen werden müssen, um sie termingerecht abschließen zu können.

Bei Ihrer Festlegung strategischer Kontrollpunkte berücksichtigen Sie einerseits die zu erledigende Aufgabe und andererseits den jeweiligen Reifegrad des Mitarbeiters (= Bereitschaft und Fähigkeit des Mitarbeiters, seinen Aufgaben verantwortungsbewusst nachzukommen).

Es ist nicht ratsam, sich ausschließlich auf die strategischen Kontrollpunkte zu konzentrieren. Lassen Sie alle normalerweise zufriedenstellend erledigten Aufgaben bei Ihren Kontrollen außer Betracht, könnten sich nach einiger Zeit Nachlässigkeiten einschleichen, unter denen die Arbeitsgüte leiden würde.

Nachfassen Je konsequenter und hartnäckiger Sie einmal festgestellten Fehlern oder Abweichungen auf der Spur bleiben, desto eher stellt ein Mitarbeiter den Fehler ab. Sie fördern hierdurch eine saubere und ordentliche Aufgabenerledigung. Das „Nachfassen" ist trotz der Beteuerungen auf Besserung notwendig, weil manche Fehler dem Mitarbeiter derart in Fleisch und Blut übergegangen sind, dass es zur Verhaltensänderung mehrmaliger Hinweise über einen längeren Zeitraum bedarf.

Trotz Intuition planen Immer wieder treffen wir Vorgesetzte an, die auf Grund langjähriger Erfahrungen mit einer beinahe magischen Sicherheit frühzeitig erkennen, wann neue Entscheidungen zu treffen sind, wo Gefahrenmomente auftreten können, in welchem Bereich Koordinierungsprobleme entstehen werden oder ob ein Mitarbeiter überfordert sein wird oder etwas vergessen wurde. Neben wertvollen Erfahrungen verfügen sie über analytische Fähigkeiten, durch die sie eine von der Norm abweichende Angelegenheit zu erkennen vermögen. Gewiss zahlt es sich aus, wenn Sie im Laufe Ihrer Vorgesetztenfunktionen diese Fähigkeit entwickeln. Dennoch sollten Sie sich nicht nur auf Ihre Intuition verlassen, sondern mit Kontrollplänen arbeiten.

Keine oberflächlichen Fragen Ist Ihnen schon einmal ein Vorgesetzter begegnet, der seiner Kontrollpflicht mittels eines gelegentlichen Gangs durch seine Abteilung nachkommt und hierbei besonders „tiefschürfende" Fragen stellt?

Fragen	Standardantworten
„Alles klar?"	„Ja, alles okay."
„Na, läuft`s?"	„Gut!", „Alles im grünen Bereich."
„Ist bei Ihnen alles in Ordnung oder gibt es etwas Besonderes?"	„Alles klar, nichts Ungewöhnliches."
„Gibt es Probleme, mit denen Sie nicht fertig werden?"	„Nein, keine Probleme, alles bestens."

Wenn Sie sich die Antworten anschauen, merken Sie: Allgemeine Fragen dieser Art genügen nicht, zumal sie darauf ausgerichtet sind, einen möglichen Handlungsbedarf seitens des Vorgesetzten zu vermeiden. Kontrolle muss immer zielgerichtet (Soll-Ist-Vergleich) eingesetzt werden und darf sich nicht mit nebulösem Smalltalk begnügen.

Eine gezielte Fragetechnik nach dem Motto „Wer fragt, der führt – wer fragt, der aktiviert – wer fragt, der produziert" erleichtert Ihnen Ihre Kontrollaufgabe. Hier bieten sich besonders offene Fragen an. Diese beginnen immer mit einem Fragewort (warum, was, wer, wieso, wann usw.), sodass der Befragte detaillierte Auskünfte geben oder ungezwungen seine Meinung kundtun kann. Diese W-Fragen verhelfen Ihnen zu einer intensiven Informationsermittlung, zur Feststellung des Ist-Zustandes für Ihre Kontrolle.

Offene Fragen verwenden

- „Welche Entwicklungsschritte haben Sie bereits abgeschlossen?"
- „Wie sieht es terminlich aus? Wie weit befinden Sie sich noch im zeitlichen Rahmen?"
- „Wie weit sind Sie mit dem Angebot für Fa. X gekommen?"

Nicht unter Zeit- druck kontrollieren	Da neben der Kontrolle selbst auch eine Auswertung der Kontrollergebnisse vorzunehmen ist, sollten Sie genügend Zeit einplanen, damit diese auch gründlich erledigt werden kann (aber vermeiden Sie bitte „Erbsenzählerei"). Betrachten alle Beteiligten Kontrollen als Selbstverständlichkeiten, wird niemand eine große Sache daraus machen, sondern sie still und unauffällig vollziehen.

> Stichprobenkontrollen kommt die Funktion eines „Früh-warnsystems" zu. Da sie die Chance zu frühzeitiger Feh-lererkennung und -beseitigung bieten, gelten sie als ausrei-chende Sicherungen gegen Fehlschläge.

Richtig kontrollieren

Nun haben Sie einiges zu den verschiedenen Kontrollarten gelesen. Worauf sollten Sie aber generell bei Ihrer nicht dele-gierbaren Führungsaufgabe Kontrolle besonders achten?

Zuständigkeit beachten	Sie üben Kontrolle stets nur gegenüber den Mitarbeitern aus, für die Sie als Vorgesetzter verantwortlich sind. Lediglich in Fällen akuter Gefahr darf von diesem Grundsatz abgewichen werden.
Keine Ausnahmen machen	Sie kontrollieren alle Ihnen unmittelbar unterstellten Mitar-beiter. Würden leistungsschwächere Mitarbeiter immer, lei-stungsstarke hingegen nie kontrolliert, käme dies einer Bloß-stellung und Abwertung der weniger Erfolgreichen gleich. Übrigens: Auch sogenannte „Überflieger" sind – allerdings seltener als die leistungsschwachen Mitarbeiter – zu kontrol-lieren, um zu erkennen, ob sie weiterhin beste Leistungser-gebnisse abliefern.
Prophylaktisch tätig werden	Sie werden mit Ihren Kontrollen von sich aus aktiv und war-ten nicht bis zu dem Moment, wenn es bereits zu spät ist.

Sie orientieren sich bei Ihren Kontrollen stets an vereinbarten Zielen, die als Maßstab und Vergleichsbasis dienen für das, was erreicht werden soll. Zielvereinbarungen stellen für den Mitarbeiter eine Identifikationsgrundlage dar und werden als objektive Kontrollkriterien akzeptiert.

Zielvereinbarungen sind Basis Ihrer Kontrollen

Sie vermeiden den Eindruck, dass Sie Ihre Mitarbeiter bei Abwesenheit oder hinter ihrem Rücken überwachen oder gar bespitzeln. Heimlichkeiten bringen Ihnen nur Ärger ein.

Keine Heimlichkeiten

Sie werten Kontrollen aus und informieren den Mitarbeiter über die Ergebnisse. Wenn das Soll dem Ist entspricht, gibt es keine Probleme und der Mitarbeiter hat Ihre positive Rückmeldung verdient (siehe Seite 85). Ergibt sich bei dem Soll-Ist-Vergleich jedoch eine nicht gewünschte Abweichung vom Soll, ist zu untersuchen, warum diese eingetreten ist. Zur Analyse der Abweichung wird eine kooperative Aussprache in freundlich-höflicher Atmosphäre erforderlich, die das Vertrauensverhältnis stärken soll. Dieses Gespräch ist Dreh- und Angelpunkt für den gewünschten Erfolg. Fehlt der Mut zu einer offenen Aussprache über die Kontrollergebnisse, können Sie gleich auf die Kontrolle insgesamt verzichten.

Kontrollergebnisse zusammen auswerten

Auf den Punkt gebracht

Wenn Ihre Mitarbeiter glauben, dass Ihnen die Jagd nach Fehlern am Herzen liegt, um ihr Unvermögen beweisen zu können, so werden sich die Widerstände gegen Ihre Kontrollen nur verstärken. Dann verwundert auch nicht, wenn Sie Ihrer Kontrollfunktion nur widerwillig oder überhaupt nicht nachkommen. Signalisieren Sie aber immer wieder, dass Hilfe und Verbesserung vorrangiges Ziel der Kontrollen ist, werden Vorbehalte gegen Kontrollen abgebaut.

14. Sie vermeiden möglichst Kritik

Ein Vorgesetzter, der Kritik aus „Nächstenliebe", Mangel an Courage, fehlender Sensibilität oder aus sonstigen Gründen nicht einsetzt, begeht einen schweren Führungsfehler. Erkennen Sie bei Ihren Mitarbeitern Fehler oder falsche Verhaltensweisen, müssen Sie konstruktive Kritik üben. Kaum ein Mitarbeiter macht vorsätzlich Fehler oder zeigt falsche Verhaltensweisen, sondern sie unterlaufen ihm im Regelfall, weil er sie nicht erkennt bzw. es nicht besser weiß. Kommt es nicht zu einer Korrektur, bleibt eine Verbesserung aus. Denn warum sollte der Mitarbeiter etwas verändern, wenn er des guten Glaubens ist, alles sei in Ordnung?

Kritik gezielt einsetzen

Halten Sie eine berechtigte Kritik zurück, bringen Sie den Mitarbeiter – sicherlich auch sich selbst und Ihren Betrieb – um den Erfolg! Der kluge Vorgesetzte wird Kritik gezielt einsetzen und bei geschickter Nutzung dieses Führungsmittels in den meisten Fällen die betrieblichen Ziele bei größerer Zufriedenheit seiner Mitarbeiter erreichen.

Kritikfehler vermeiden

Bedauerlicherweise wird das Führungsmittel Kritik immer wieder in einer fehlerhaften Form eingesetzt, die das Arbeitsklima vergiftet, indem beispielsweise

- autoritäre Kritik,
- persönliche Kritik,
- verallgemeinernde Kritik,
- Kritik in Gegenwart Dritter,
- ironische/sarkastische Kritik,
- telefonische Kritik,
- schriftliche Kritik,
- Kritik durch Dritte,
- Kritik am abwesenden Mitarbeiter,
- gesammelte Kritik,
- wiederholte Kritik aus demselben Anlass,

- Kritik vor Abwesenheit oder
- Kritik bei Unwesentlichem

geübt wird. Diese Formen destruktiven Kritisierens sind einfach unzeitgemäß.

Konstruktives Kritikgespräch

Führen Sie ein Kritikgespräch systematisch nach einem „geistigen Fahrplan", so vermindert sich das Risiko einer erfolglosen Kritik.

Phase 1: Gespräch positiv beginnen

Soll ein Gespräch ein konstruktives Ergebnis bringen, muss auch die Gesprächsatmosphäre positiv sein. Erhält der Mitarbeiter den Eindruck, er sei Mittelpunkt eines Tribunals, wird er von Beginn an auf Verteidigung sinnen, und ein entkrampftes und sachliches Gespräch ist nicht mehr möglich. Stimmen Sie für einen optimalen Gesprächsverlauf den Beginn mit dem erforderlichen Einfühlungsvermögen sorgfältig auf die jeweilige Person des Mitarbeiters ab. Überlegen Sie, mit welchen Aussagen Sie Sympathie herstellen und somit vorhandenes Eis brechen können.

Stabilen Kontakt aufbauen

Phase 2: Sachverhalt zweifelsfrei bezeichnen

Erst die sorgfältige Analyse des Geschehenen ergibt eine verlässliche Ausgangsbasis und lässt Sie erkennen, ob von der Sache her ein Kritikgespräch erforderlich ist. Denn mit unklaren Pauschalformulierungen, Verallgemeinerungen, vagen Behauptungen und allgemeinen Floskeln können Sie nur unzureichend Kritik üben.

IST ermitteln

Statt um den heißen Brei herumzureden, müssen Sie sich schon bemühen, die festgestellte Abweichung vom Soll genau und konkret zu bezeichnen. Aussagen anderer Personen genügen nicht für eine Kritik, denn oft werden Situationen einseitig, unvollständig und manchmal sogar bewusst verfälscht dargestellt.

Am Ende dieser Phase steht eine eindeutige Ausgangslage, eine Basis, um nicht aneinander vorbeizureden: Sie konnten wertfrei – das heißt ohne Schuldzuweisung – den Sachverhalt schildern, wie Sie ihn nach der Analyse gesehen haben, und der Mitarbeiter weiß nun genau, auf welchen Punkt das Gespräch begrenzt ist.

Phase 3: Mitarbeiter um Stellungnahme bitten

Sicht des Mitarbeiters

Dem Mitarbeiter muss nun nicht nur das Recht zugestanden werden, sich zu dem Sachverhalt zu äußern, er ist auch unvoreingenommen anzuhören. Vielleicht lässt die Stellungnahme erkennen, dass dem Mitarbeiter kein kritikfähiges Verhalten anzulasten ist, weil beispielsweise einer anderen Person der Fehler zuzuschreiben ist, Zuständigkeitsregelungen unklar waren, Anweisungen unterschiedliche Interpretationen zuließen oder notwendige Informationen nicht rechtzeitig zur Verfügung standen. Schieben Sie Ihrem Mitarbeiter in diesem Fall die erkannten Missstände nicht in die Schuhe, sondern sorgen Sie für Fehlerbegrenzung und -vermeidung. Ein Vorgesetzter sollte zudem den Mut zu einer formellen Entschuldigung aufbringen, wenn er bei der Stellungnahme des Mitarbeiters erkennen muss, dass er einem Irrtum aufgesessen ist.

Räumen Sie dem Mitarbeiter die Möglichkeit ein, im Bedarfsfall das Gespräch zu unterbrechen, wenn er für seine Stellungnahme Beiträge aus Unterlagen benötigt. Scheuen auch Sie sich nicht, das Gespräch zu einem späteren Termin fortzusetzen, wenn der Mitarbeiter neue Gesichtspunkte vorträgt, mit denen Sie sich erst einmal beschäftigen müssen. Erst wenn mit klaren Fakten ein gesicherter Tatbestand zu erkennen ist, wird auf dieser Grundlage das Gespräch zur nächsten Phase übergeleitet.

Phase 4: Diskussion über Ursachen und Folgen

Gemeinsam Fehlerquellen suchen

In dieser Gesprächsphase kommt es darauf an, gemeinsam die Ursachen und die Folgen des kritisierten Verhaltens zu erörtern. Häufig werden Fehler nur dann korrigiert werden können, wenn die Ursachen bekannt sind. Wissen Sie, weshalb etwas falsch gelaufen ist, werden Sie zusammen mit dem Mitarbeiter eher Möglichkeiten finden, für die Zukunft eine Besserung zu erzielen. Es ist also durchaus in Ordnung, nach den Ursachen von Fehlern zu forschen, denn der Zweck des Nachhakens liegt darin, Fehlerquellen auszumerzen, und nicht darin, den Mitarbeiter zu verurteilen oder Vergangenes intensiv zu beklagen.

Spätestens in diesem Gesprächsteil soll der Mitarbeiter nach einer ruhig und sachlich geführten Diskussion erkennen können, dass und aus welchem Grunde seine Handlungsweise verfehlt war. Die Mängel sollten nunmehr von beiden Gesprächsteilnehmern in gleicher Weise beurteilt werden, um in der nächsten Gesprächsphase Korrekturmaßnahmen entwickeln zu können.

Phase 5: Künftiges Verhalten gemeinsam vereinbaren

Möglicherweise soll der Mitarbeiter über eine längere Zeitspanne herangebildete Gewohnheiten ablegen, anpassen oder durch neue ersetzen. Dies bedeutet stets ein Umlernen. Umlernen erfordert mehr Energie als erstmaliges Lernen. Es ist jedoch höchst fraglich, ob der Mitarbeiter zu dem erforderlichen Kraftaufwand für das Umlernen bereit ist, wenn Sie ihm eine neue Regelung ohne seine Beteiligung aufdrücken. Wohl kaum! Weit günstiger ist es, mit dem Mitarbeiter partnerschaftlich zu besprechen – ihm nicht zu diktieren –, wie in Zukunft vorgegangen werden soll. Der Blick in die Zukunft ist bedeutsamer, als über Vergangenes zu jammern. Denn der Mitarbeiter hört nur ungern Vorwürfe seines Vorgesetzten. Jetzt steht die Lösung des diskutierten Problems im Vordergrund, die möglichst auch ähnliche zu erwartende Probleme ausschließen soll.

Bei der angestrebten Vereinbarung sollten Sie eine aktive Beteiligung des Mitarbeiters anstreben, indem dieser eigene

SOLL festlegen

Zielvorstellungen und Verhaltensänderungen entwickelt. Je mehr der Mitarbeiter richtige Wege, Mittel und Maßnahmen vorschlägt, umso stärker wird er eine seine eigenen Gedanken beinhaltende Lösung akzeptieren, sich mit ihr identifizieren und sie dann auch realisieren. Ergebnisse, die der Mitarbeiter mit festlegen konnte, bündeln seine Energien für konkrete Handlungen. Mit größerem Eifer wird er trotz anfänglicher Schranken und Hemmnisse eher das Ziel zu erreichen versuchen als ein anderes, welches ihm aufgezwungen wurde.

Weitere Kontrollen vereinbaren
Die vereinbarten realistischen Verbesserungsvorschläge sind auf eine ruhige, klare und nicht verletzende Weise unmissverständlich zu bezeichnen. Mit der zweifelsfreien Definition des künftigen Vorgehens richten Sie die Aufmerksamkeit des Mitarbeiters auf das anzuvisierende Ziel. Jetzt sind ihm die Fakten bekannt, die ihm helfen werden, künftig genau ins Schwarze zu treffen. Auch wenn Sie nicht an der Bereitschaft des Mitarbeiters zweifeln, dass dieser sein bisheriges Fehlverhalten abstellt und dafür das Vereinbarte berücksichtigt, sollten Sie dennoch mit ihm ganz offen verstärkte Kontrollen vereinbaren. Damit weiß er, dass die Sache ernst gemeint und wichtig ist.

Phase 6: Gespräch positiv abschließen

Der letzte Eindruck bleibt
Achten Sie darauf, dass dem Kritikgespräch kein „bitterer Nachgeschmack" anhaftet. Der Mitarbeiter soll Sie nicht mit hängendem Kopf verlassen, sondern mit erhobenem Haupt und frischem Mut an seine Arbeit gehen. Geben Sie sich große Mühe, das Kritikgespräch in einem freundlichen Klima abzuschließen. Es darf nach dem Gespräch keinen Sieger und keinen Verlierer geben. Beide Seiten sollen letztlich das Gefühl haben, durch das Gespräch etwas gewonnen zu haben.

Übrigens: In der Kommunikation mit Außenstehenden oder Ihren Vorgesetzten sind die Fehler Ihrer Mitarbeiter Ihre

Fehler. Würden Sie sich nicht vor Ihre Mitarbeiter stellen, ginge das in Sie gesetzte Vertrauen verloren. Nach innen sind Sie jedoch zu konstruktiver und aufbauender Kritik verpflichtet.

> **Auf den Punkt gebracht**
> Äußern Sie Kritik sachlich, konstruktiv und aufbauend, tragen Sie zur Vermeidung von Fehlern und zur Änderung falscher Verhaltensweisen bei. Der Mitarbeiter wird Kritik eher akzeptieren und hieraus die gewünschten Folgerungen ziehen, wenn es nicht zu einer Verurteilung kommt, er sich dafür aktiv in das Kritikgespräch einbringen kann.

15. Sie lassen sich von Mitarbeitern ungern kritisieren

Vermutlich ärgern Sie sich, wenn Sie sich selbst bei einem Fehler ertappen. Möglicherweise verstärkt sich der Ärger dann, wenn Ihnen ein Mitarbeiter einen von Ihnen verursachten Fehler unter die Nase reibt. Es mag verständlich sein, wenn Ihnen diese Situation peinlich ist und Sie sogar etwas lauter werden. Allerdings bringt es Sie nicht voran, sich mit negativen Gefühlswallungen zu beschäftigen und den Ärger auf den Mitarbeiter, den Überbringer einer schlechten Nachricht, zu übertragen.

Lernen statt lamentieren

Sicherlich ist Ihnen der Slogan bekannt: „Fehler sind dazu da, dass sie gemacht, nicht aber wiederholt werden!" Statt also über ärgerliche Fehler zu lamentieren, sollten Sie sich einen positiven Aspekt vergegenwärtigen: Durch Fehler können Sie lernen! Der durch aufgedeckte Fehler verursachte Lernprozess beinhaltet die Überlegungen:

- Was ist die Ursache für den Fehler?
- Wie kann dieser Fehler künftig vermieden werden?

> **Indem Sie Fehler beheben und aus ihnen lernen, dienen sie Ihnen als Quelle künftiger Erfolge.**

Zu eigenen Fehlern stehen

Manche Vorgesetzte vertuschen eigene Fehler oder nutzen Ihre rhetorischen Stärken, um sie mit spitzfindigen Erklärungen zu überspielen. Sie beißen sich lieber die Zunge ab, als einen Fehler zuzugeben, und merken hierbei überhaupt nicht, dass ihnen ihre Mitarbeiter mit jedem Erklärungsversuch die besonders bedeutungsvolle persönliche Autorität weiter entziehen.

Gehen Sie in Verteidigungsstellung, erkennt Ihr Mitarbeiter Ihren Widerstand und wird Sie künftig nicht mehr auf Fehler oder falsche Verhaltensweisen aufmerksam machen. Versuchen Sie deshalb zunächst, ruhig zuzuhören, den Mitarbeiter nicht zu unterbrechen und zu prüfen, ob Sie auch verstanden haben, was er meint. Gehen Sie davon aus, dass Ihr Mitarbeiter manchmal keine objektive Sicht der Dinge hat und manche Aspekte nur unscharf sieht. Deshalb sind seine Eindrücke nicht falsch, sondern subjektiv und persönlich.

Nicht nach Sündenböcken suchen

Suchen Sie bei selbst zu vertretenden Fehlern nicht nach Sündenböcken und erfinden Sie auch keine Ausflüchte. Geradezu „tödlich" für eine gute Zusammenarbeit wäre es, eigene Fehler den Mitarbeitern in die Schuhe zu schieben. Vielmehr sollten Sie zu gemachten Fehlern stehen und die Empfehlung des Erfolgsbuchautors Dale Carnegie beherzigen: „Bist Du im Unrecht, gib es schnell zu!"

Gehen Sie noch einen Schritt weiter, indem Sie dem kritisierenden Mitarbeiter eine positive Rückmeldung geben. Damit ermutigen Sie ihn, Ihnen auch künftig Feedback über weniger erfreuliche Dinge zu geben.

Bedanken Sie sich

„Herzlichen Dank für Ihren Hinweis. Mir ist es lieber, Sie sprechen mich einmal mehr an, als dass dann irgendetwas richtig schiefgeht. Machen Sie mich bitte auch künftig auf Fehlerhaftes aufmerksam, damit sich gravierende Fehler nicht negativ für das gesamte Team auswirken können.“

Auf den Punkt gebracht

Auch wenn Form und Art der Mitarbeiterkritik Sie nicht zu Beifallskundgebungen hinreißen, so sollten Sie die Kritik dennoch als Geschenk betrachten. Und Sie bestimmen, was mit dem Geschenk passiert:

- wegwerfen (= nicht akzeptieren),
- es erst einmal zur Seite legen (= in Ruhe darüber nachdenken, überprüfen) oder
- sich darüber freuen (= Verhaltensänderung praktizieren).

---

16. Sie verzichten auf anerkennende Worte, weil Sie gute Leistungen als selbstverständlich betrachten

Können Sie sich mit den folgenden Statements anfreunden?

- „Meine Mitarbeiter sollen durch Anerkennung nicht übermütig werden und sich auf ihren Lorbeeren ausruhen. Das sagt auch ein russisches Sprichwort: ‚Lob ist des Mannes Untergang‘.“
- „Wenn ich nichts sage, ist alles in Ordnung, das ist doch Anerkennung genug. Wenn jemand einen Fehler macht, melde ich mich schon.“

- „Meine Mitarbeiter strengen sich nach anerkennenden Worten nicht mehr an, sondern wollen nur mehr Geld."
- „Eine gute Leistung ist doch selbstverständlich. Dafür wird der Mitarbeiter schließlich bezahlt. Weshalb dann noch eine zusätzliche Lobhudelei?"

Menschen wollen Erfolg haben

Tatsächlich benötigt jeder von uns Erfolge besonderer Art: Anerkennung von anderen Menschen. Anerkennung ist sowohl im Berufsleben als auch im Freizeitbereich eine überaus motivierende Kraft. Deshalb muss sie Mitarbeitern gegenüber deutlich herausgestellt werden. Denn nur weil Sie keine Kritik üben, heißt das noch lange nicht, dass Ihre Mitarbeiter das auch als Zeichen Ihrer Anerkennung verstehen.

Sollten Sie zweifeln und sich noch nicht zu einem verstärkten Einsatz des Führungsmittels Anerkennung entschließen können, ist Ihnen dringend die Lektüre der folgenden aus dem Leben gegriffenen Anekdote zu empfehlen:

Szenen einer Ehe

Ein älteres Ehepaar beginnt an einem Sonntag gegen 13.00 Uhr das Mittagessen. Im Vorfeld hatte sich die Ehefrau Gedanken gemacht, mit welchen Gaumenfreuden sie ihren Mann verwöhnen könne, hatte am Sonnabend die erforderlichen Lebensmittel eingekauft und sich am Sonntag schon bald nach dem Frühstück an den Herd begeben, um ihren „Göttergatten" mit einem leckeren Essen zu überraschen. Pünktlich steht das Essen auf dem Tisch. Die spärliche Unterhaltung während des Essens kreist eher um belanglose Dinge. Plötzlich wendet sich das Gespräch:

Ehefrau:	„Schmeckt`s?"
Ehemann:	„Na, wie immer, man kann nicht meckern."
Ehefrau:	„Nun sag doch schon, ob es wirklich schmeckt."
Ehemann:	„Was willst Du denn von mir hören?"
Ehefrau:	„Na, ob es Dir wirklich schmeckt und ob es auch so gewürzt ist, wie Du es am liebsten magst."
Ehemann:	„Was soll das Gerede? Wenn es mir nicht schmecken würde, dann hättest Du es schon längst erfahren."

Nun, wie beurteilen Sie das Verhalten des Ehemanns – unmöglich, lieblos, rüpelhaft, machomäßig? Tatsächlich geschieht täglich in vielen Betrieben Ähnliches. Der Mitarbeiter hat sich redlich bemüht – statt einer positiven Rückmeldung erntet er von seinem Vorgesetzten jedoch nur Schweigen.

Erfolgserlebnisse spornen an

Kluge Vorgesetzte werden Anerkennung gezielt einsetzen und bei geschickter Nutzung dieses Führungsmittels die betrieblichen Ziele bei größerer Zufriedenheit ihrer Mitarbeiter erreichen. Sie haben erkannt, dass Anerkennung im Gegensatz zur Kritik eine besonders dankbare Aufgabe für jeden Vorgesetzten ist. Sie wissen:

Anerkennung verschafft Erfolgserlebnisse!

Anerkennung als „Entwicklungshilfe"

Erfolgserlebnisse sind wesentliche Voraussetzungen für eine dauerhafte positive Einstellung zur Arbeit und für das Erzielen optimaler Arbeitsergebnisse. Denn was uns Erfolg gebracht hat, das wiederholen wir gerne. Die Anerkennung selbst kleiner Fortschritte spornt zu weiteren Bemühungen an, die uns wiederum Anerkennung einbringen sollen.

Vor allem Berufsanfänger und unsichere Mitarbeiter benötigen der Bedürfnisbefriedigung „Anerkennung" in besonderem Maße. Hier wirkt Anerkennung als Hilfe – als „Entwicklungshilfe" – und sorgt vorrangig dafür, dass eine richtig ausgeführte Tätigkeit stabilisiert wird. Mit Anerkennung stärken Sie das Selbstvertrauen des Mitarbeiters. Dieses ist wiederum eine wesentliche Voraussetzung, um sich in der Arbeitswelt sicher zu fühlen und möglichst rasch Fuß zu fassen.

Anerkennung aussprechen

Ein lebenswichtiges Vitamin
Wir können Anerkennung mit Fug und Recht als lebenswichtiges Vitamin bezeichnen. Ist die Vitaminzufuhr unzureichend, treten bei uns durch Vitaminmangel verursachte Symptome auf: Verdrossenheit, Lustlosigkeit, schnelle Ermüdung, Niedergeschlagenheit. Ist jedoch die Zufuhr gewährleistet, wirkt dieses Vitamin als Heil- und Wundermittel und wir blühen auf.

Wer konsequent auf anerkennende Worte gegenüber seinen Mitarbeitern verzichtet, wird eines Tages feststellen, dass in seinem Bereich kaum noch anzuerkennende Leistungen erbracht werden. Die Mitarbeiter haben es schließlich aufgegeben, sich durch besondere Leistungen auszuzeichnen.

Empfehlungen
Wie sollten Sie Anerkennung aussprechen?

1. Anerkennung auch schwächeren Mitarbeitern aussprechen

Anlässe für Anerkennung gibt es genügend. Sie brauchen Ihre Aufmerksamkeit nur auf die Augenblicke richten, in denen Ihre Mitarbeiter gute Ergebnisse erzielen, sich motiviert ihrer Arbeit zuwenden oder Routinearbeiten gewissenhaft ausführen. Wenn Sie Ihre Mitarbeiter dabei „erwischen", wenn sie es richtig machen, ist der Moment gekommen, dem Mitarbeiter verdiente Anerkennung zu geben. Tatsächlich machen Mitarbeiter nicht ständig Fehler, sondern nur selten und auch nur wenige. Dagegen arbeiten sie im Normalfall fehlerfrei, also so, dass sie ihr Soll erreichen.

Jetzt fragen Sie vielleicht: „Was? Für normale, durchschnittliche Leistung soll ich auch noch anerkennende Worte verlieren?" Sicherlich ist es richtig, dass besondere Leistungen auch besonders mit Anerkennung zu belohnen sind. Fragen Sie sich aber mal, was mit den Mitarbeitern geschieht, die tagein, tagaus befriedigende oder ausreichende Arbeitsergebnisse erzielen. Nach der Gaußschen Normalverteilungskurve gehört die Masse der Berufstätigen (circa 60 Prozent) zu diesen eher unauffälligen Zeitgenossen. Selbst in den Fällen normaler Arbeitsleistung sollten Sie hin und wieder Anerkennung aussprechen, um auch die schwächeren Mitarbeiter zu motivieren. Schließlich möchte jeder Mitarbeiter von Zeit zu Zeit ausdrücklich bestätigt wissen, dass die geleistete Arbeit den Anforderungen entspricht. Damit heben Sie seine Arbeitsfreude und stärken seine Arbeitsmoral.

2. Anerkennung muss aufrichtig sein

Vor wahllos verteilter, gleichmäßig mit der Gießkanne über alle Mitarbeiter ausgeschütteter Anerkennung ist zu warnen. Unangebrachte Anerkennung wird als Zweckmanöver durchschaut und verliert ihre Wirkung. Der Mitarbeiter hat ein ausgeprägtes Gefühl, ob eine Anerkennung nach dem Motto „Der Zweck heiligt die Mittel" gegeben wird oder ob die anerkennenden Worte auf konkreter Einschätzung der Leistung oder des Verhaltens beruhen.

3. Anerkennung soll sich auf ein konkretes Leistungsergebnis beziehen

Bei der Anerkennung sind unklare Pauschalformulierungen und allgemeine Floskeln zu vermeiden. Dafür werden genaue und konkrete Angaben gefordert. Erkennen Sie nicht undifferenziert gute Arbeitsergebnisse an: „Mit Ihren Arbeitsergebnissen bin ich sehr zufrieden." Begründen Sie vielmehr:

„Die letzten drei Präsentationen haben Sie ohne Pannen organisiert. Es hat alles einwandfrei geklappt."
Nennen Sie Zahlen, Daten und Fakten, durch die Ihre anerkennenden Worte konkret und glaubwürdig werden. Dann erhält Ihr Mitarbeiter das Gefühl, die Anerkennung wirklich verdient zu haben.

4. Anerkennung ist genau zu dosieren

Wichtig ist, dass die Anerkennung im richtigen Augenblick in passender Weise erfolgt. Ein schablonenhaftes oder routinemäßiges Anerkennen hat zu unterbleiben. Große Lobhudeleien oder überschwängliches Bedanken sind fehl am Platze. Geben Sie dem Mitarbeiter doch durch ein Lächeln, ein Kopfnicken, ein „Gut gemacht", „Vielen Dank", „Gut so" oder „Das Verkaufsgespräch war prima" zu erkennen, dass Sie seine erfreuliche Arbeitsleistung zur Kenntnis genommen haben. Hat der Mitarbeiter sein Soll aber erheblich übertroffen oder trotz schwieriger Bedingungen erreicht, sagen Sie ihm, was an seiner Leistung besonders anerkennenswert ist.

5. Anerkennung nicht in Gegenwart Dritter aussprechen

Anerkennung vor Dritten kann überheblich oder eitel machen. Auch sind manche Mitarbeiter nicht immer neidlos bereit, die erzielte Leistung des Kollegen als anerkennenswert zu betrachten („Der ist auch nicht besser als ich"). Manche fühlen sich persönlich ungerechtermaßen zurückgesetzt, andere wiederum sind eifrig bemüht, dem mit Anerkennung beglückten Kollegen Steine in den Weg zu rollen. Dass durch Anerkennung in Gegenwart von Kollegen das Arbeitsklima erheblich beeinträchtigt werden kann, steht wohl außer Zweifel.

Eine Anerkennung in Gegenwart Dritter ist nur dann gerechtfertigt, wenn vor allen Mitarbeitern eine besondere Dankbarkeit ausgedrückt werden soll. Denken Sie hier an ein Arbeitsjubiläum oder an die Versetzung eines Mitarbeiters in den wohlverdienten Ruhestand.

6. Anerkennung soll sachorientiert sein

Anerkennung soll auf die Sache bezogen sein, nicht auf die Person des Mitarbeiters. Es ist entmutigend, vormittags persönlich gelobt und nachmittags persönlich getadelt zu werden. Wer würde sich als Mitarbeiter nicht über die wechselnde Beurteilung seiner Person von einem Extrem ins andere wundern? Wird dagegen nur ein bestimmter sachlicher Aspekt anerkannt, so ist der Vorgesetzte durchaus frei, später auch sachlich Kritik zu üben.

7. Anerkennung soll unmittelbar nach einer guten Leistung gegeben werden

Bedenken Sie bitte, dass zu lange verzögerte Anerkennung vorenthaltenem Entgelt in der „seelischen Lohntüte" des Mitarbeiters gleicht. Nicht jeder Mitarbeiter harrt geduldig auf eine noch ausstehende verdiente Anerkennung aus. Mancher wird das Warten mit Resignation quittieren. Bei der Anerkennung muss dem Mitarbeiter der Zusammenhang zwischen der geleisteten Arbeit und der Reaktion des Vorgesetzten erkennbar sein.

8. Anerkennung darf nicht mit Kritik verbunden werden

Sie können sich sicherlich die Situation vorstellen, dass Sie als Vorgesetzter in einem konkreten Fall Anerkennung geben, in einem anderen Bereich aber Kritik üben wollen. Hier sollten Sie Sensibilität walten lassen und die Führungsmittel Anerkennung und Kritik zeitlich voneinander trennen. Die mit der Anerkennung verbundene wohltuende Wirkung wird sogleich eliminiert, wenn den positiven Worten des Vorgesetzten mahnende Hinweise bis hin zu harschen kritischen Äußerungen folgen. „Zuckerbrot und Peitsche" – berechtigterweise würde der Mitarbeiter dieses Verhalten des Vorgesetzten ablehnen.

17. Sie vermeiden es, sich mit persönlichen Problemen des Mitarbeiters zu befassen

Persönliche Probleme des Mitarbeiters lassen sich bei der täglichen Arbeit nicht ausklammern. Wie oft machen sie sich im betrieblichen Alltag über untypische Verhaltensweisen des Mitarbeiters wie Flüchtigkeitsfehler, unzureichende Konzentration, gedankliche Abwesenheit oder mangelnde geistige oder körperliche Frische unangenehm bemerkbar. Hieraus können eine erhebliche Einschränkung der Leistungsfähigkeit sowie eine Senkung der Arbeitsqualität und die Verringerung des Arbeitsvolumens resultieren. Da diese unerwünschten Begleiterscheinungen die Aufgabenerledigung beeinträchtigen, sollten Sie schon aus diesem Grund die Situation zur Sprache bringen, um eine Verbesserung der Situation zu bewirken. Darüber hinaus darf Ihnen das Wohl der Ihnen anvertrauten Mitarbeiter, mit denen Sie vertrauensvoll zusammenarbeiten, nicht gleichgültig sein. In diesem

Zusammenhang sei auch an die Fürsorgepflicht des Arbeitgebers gegenüber seinen Arbeitnehmern erinnert, die Sie stellvertretend vor Ort wahrnehmen.

Als Vorgesetzter sind Sie gefordert

Als verantwortungsbewusstem Vorgesetzten kommt Ihnen die Rolle zu, mit dem Mitarbeiter in einer Atmosphäre des gegenseitigen Vertrauens über sensible Themen zu reden, gemeinsam Rat zu halten und miteinander Wege der Klärung zu suchen. Da jeder Mensch eine angeborene Fähigkeit und Anlage zu Selbstlenkung und Selbstregulierung besitzt, muss es Ziel des Gesprächs sein, dem mit einem Problem belasteten Gesprächspartner Handlungs- und Entscheidungsalternativen zugänglich zu machen, ohne ihm vorzuschreiben, was er zu tun oder zu lassen hat. Es wird hiernach Hilfe zur Selbsthilfe mit dem Ziel der Förderung des individuellen Entscheidungsprozesses geleistet.

Nicht-direktive Gesprächsführung

Damit der Problembeladene die Chance erhält, sich selbst und sein Problem aus seinem Blickwinkel darzustellen, ist eine nicht-direktive Gesprächstechnik besonders hilfreich. Diese setzt eine bestimmte Grundeinstellung voraus: Im Inneren müssen Sie dem Mitarbeiter gegenüber aufgeschlossen und zugeneigt sein. Lassen Sie erkennen, dass Ihnen Ihr Mitarbeiter und seine Probleme am Herzen liegen und Sie ihm nicht nur aus höflichem Interesse zuhören oder weil Sie mit Ihrer Gesprächsbereitschaft lediglich den gesellschaftlichen Forderungen unserer Zeit nachkommen. Ihr Mitarbeiter wird dann vertrauensvoll über seine Probleme sprechen, womit häufig bereits der erste Schritt zur Lösung des Problems getan ist.

Grundregeln

- Keine Geltungsansprüche im Gespräch dokumentieren, sondern sich auf die gleiche Stufe stellen.
- Aktiv und partnerorientiert zuhören.
- Den Mitarbeiter ausreden lassen.

- Weder belehren noch auf Fehler hinweisen.
- Schweigen ertragen können.

Keinesfalls
- eigene Emotionen ins Spiel bringen („Da sprechen Sie mir ganz aus der Seele"),
- interpretieren („Sie meinen also, dass ..."),
- moralisieren („Das gehört sich nicht!"),
- verharmlosen („Es gibt Schlimmeres"),
- trösten („Nehmen Sie es doch nicht so tragisch"),
- in die Defensive drängen („Wie konnten Sie sich das gefallen lassen ?"),
- „Dogmen" verkünden („Es steht felsenfest, dass ...")
- eigene Lösungsvorschläge anbieten („Da weiß ich eine prima Lösung").

Vorrangig geben Sie in Pausen mit eigenen Worten sinngemäß wieder, was der Mitarbeiter gerade gesagt hat:
- „Sie finden, dass ..."
- „Also, Ihrer Meinung nach ..."
- „Mit anderen Worten ..."

Hilfe zur Selbsthilfe Mit diesen Aktivitäten geben Sie Ihrem Mitarbeiter Unterstützung und methodische Hilfe, seine eigenen Probleme aufzuarbeiten und konkrete Entscheidungen zu deren Lösung zu treffen. Nach dem Gespräch können Sie besser abschätzen, weshalb der Mitarbeiter sein übliches Leistungsverhalten nicht zeigt. Sie sollten vermeiden, zusätzlichen Druck auf den Mitarbeiter auszuüben und so seine Problemlage zu verschärfen.

Problemlösung obliegt dem Mitarbeiter Als Vorgesetzter müssen Sie sich aber nicht für alles verantwortlich fühlen. Übernehmen Sie keinesfalls das Handeln für den Mitarbeiter. Je mehr Sie mit konkreten Aktionen helfen, desto mehr verstärken Sie beim Mitarbeiter die Abhängigkeit und Hilflosigkeit. Das bedeutet allerdings nicht,

jegliche Hilfestellung zu versagen. Für einzelne Angebote
wird der Mitarbeiter vermutlich dankbar sein.

Auf den Punkt gebracht

Mitarbeiter können ihre persönlichen Probleme nicht an der Ein-
gangspforte des Unternehmens abgeben. Belastungen wirken jedoch intensiv in den Berufsbereich hinein. Betrachten Sie es als gutes Zeichen, wenn sich Ihnen ein Mitarbeiter mit seinen Problemen
öffnet. Würde er Ihnen keine persönliche Autorität zuerkennen,
würde er nicht über seine persönlichen Probleme sprechen. Beachten Sie dennoch, dass Sie persönliche Probleme von Mitarbeitern
nur selten für sie lösen können. Aber: Mit Hilfe Ihrer verständnisvollen Gesprächsführung fällt es dem Mitarbeiter leichter, über seine Schwierigkeiten zu reden und so zu einer Situationsverbesserung
zu gelangen. Sie stehen vorübergehend als „Klagemauer" zur Verfügung und leisten damit Hilfe zur Selbsthilfe.

---

18. Sie informieren Ihre Mitarbeiter nur über die wesentlichen Aspekte

Insbesondere schwache und unsichere Vorgesetzte glauben,
mit restriktiver Informationspolitik ihre eigene Position zu
festigen. Zwar mag kurzfristig und vordergründig das
Zurückhalten von Informationen nützlich erscheinen, lang-
fristig gesehen werden jedoch das Vertrauen und die Zusammenarbeit gefährdet. Diese Vorgesetzten übersehen,
dass „Zusammen"-arbeit nur dann gelingt, wenn Vorgesetzte und Mitarbeiter Informationen geben und empfangen können.

Ein Vorgesetzter, der Informationen zurückhält, muss sich
vergegenwärtigen, dass er auf Dauer seine Isolation betreibt.

**Gefahr eigener
Isolation**

Merken nämlich Mitarbeiter, dass ihnen Informationen vorenthalten werden, revanchieren sie sich mit gleicher Münze. Es geht aber auch anders: Je mehr fachliche und persönliche Autorität ein Vorgesetzter genießt, umso eher wird er bereit sein, seine Monopolstellung aufzugeben und Informationen an seine Mitarbeiter weiterzugeben. Der Informierende stellt anderen sein Wissen und seine Kenntnisse zur Verfügung. Er dokumentiert damit seine positive Einstellung zu kooperativer Führung.

Rechtzeitige Weitergabe von Informationen

Informationen müssen zum richtigen Zeitpunkt zur Verfügung stehen. Rechtzeitig ist der Zeitpunkt, wenn die Mitteilung noch wirklich neue Aspekte enthält und diese nicht bereits auf anderen inner- oder außerbetrieblichen Kanälen durchgesickert sind. Je schneller die Information erfolgt, umso mehr hilft sie Fehlern vorzubeugen. Im Gegensatz zu Cognac werden Informationen billiger, je älter sie sind. Hin und wieder geben Vorgesetzte Informationen erst im letzten Moment preis, um zum Beispiel bei vorgesehenen Änderungen in den Arbeitsbereichen Proteste gar nicht erst aufkommen zu lassen. Dabei ist genau das Gegenteil der Fall – durch diese Vorgehensweise werden massive Widerstände und ernsthafte Spannungen erzeugt. Mitarbeiterreaktionen wie „In dieser Firma wird man entweder überhaupt nicht oder aber zu spät informiert, sodass die Arbeit keinen Spaß mehr macht. Ich erledige noch die tägliche Routine, aber im Grunde geht mich dieser Laden nichts mehr an" sind dann nicht verwunderlich.

Folgen von Informationsdefiziten

Bei vorenthaltenen Informationen ist mit unerwünschten Konsequenzen zu rechnen:
- Missverständnisse
- Doppelarbeiten
- Nachfragen
- Zeitverzögerungen
- Konflikte

- Demotivation und Unzufriedenheit bei allen Beteiligten
- Frustrationen
- Stress- und Angstgefühle

Informationen aus der Gerüchteküche

Stellen Sie Ihren Mitarbeitern die Informationen nicht in dem erforderlichen Umfang und rechtzeitig zur Verfügung, zapfen diese informelle, inoffizielle Kanäle an. Gemeint sind Vermutungen, Befürchtungen und Ahnungen aus der Gerüchteküche. Für Ihre Mitarbeiter ist das Risiko sehr groß, lancierten Gerüchten aufzusitzen, die sich oft mit Überschallgeschwindigkeit ausbreiten und häufig eine besondere Zählebigkeit aufweisen.

Sie als Vorgesetzter sind gut beraten, Informationen aus der Gerüchteküche nicht in Ihre Überlegungen einzubeziehen oder auch nur andeutungsweise weiterzugeben. Diese Empfehlung schlagen manche in den Wind und zapfen besonders mitteilsame Mitarbeiter an, um frühzeitig zu erfahren, was so alles unter der Oberfläche brodelt oder um sich rechtzeitig gegen befürchtete Intrigen und Verschwörungen wappnen zu können. Generell gilt:

Gerüchte ignorieren

> **Durch das Verbreiten von Gerüchten wird das Betriebsklima vergiftet, sodass eine gedeihliche Zusammenarbeit fast unmöglich gemacht wird (siehe Seite 232).**

Offizielle Informationswege schaffen

Der Kampf gegen das Gerücht ähnelt vielfach dem untauglichen Versuch, Zahnpasta in die Tube zurückzudrängen. Wie oft erwiesen sich schon sachlich richtiggestellte Gerüchte als Bumerang, und die Schar derer, die dem Gerücht Glauben schenken, wuchs, statt zu schrumpfen, nach dem alten indianischen Motto: „Wo Rauch ist, muss auch Feuer sein". Versuchen, das betriebliche Geschehen durch Klatsch, Tratsch, Intrigen und Gerüchte zu beeinflussen, kann nur durch eine effektive Organisation der offiziellen Informationswege entgegengetreten werden. Ein Feld, auf dem Sie Ihre Führungsqualifikation beweisen können. Beachten Sie hierbei, dass Sie nicht nur den objektiven Informationsbedarf erfüllen, sondern auch den subjektiven Informationsbedürfnissen Ihrer Mitarbeiter Rechnung tragen.

Objektive Informationsbedürfnisse

- Ihre Mitarbeiter benötigen Informationen, um in ihrem Arbeitsbereich besser entscheiden zu können.
- Ihre Mitarbeiter benötigen Informationen, um zweckmäßig handeln zu können.

Subjektive Informationsbedürfnisse

- Ihre Mitarbeiter benötigen Informationen, um Kontakt zu anderen Menschen (wie Kunden, Kollegen, Geschäftspartnern) aufnehmen und aufrechterhalten zu können.
- Ihre Mitarbeiter benötigen Informationen, um das Bedürfnis nach Anregungen und den Neugiertrieb zu befriedigen.
- Ihre Mitarbeiter benötigen Informationen, um sich vor unerwarteten Ereignissen sicher zu fühlen.
- Ihre Mitarbeiter benötigen Informationen, um die eigene Person und die eigenen Leistungen bestätigt und anerkannt zu fühlen.

Sie erkennen, wie wichtig im Gegensatz zu einer eingeschränkten Informationsweitergabe eine „gläserne" Informationspolitik ist.

Auf den Punkt gebracht
Wollen Sie mitdenkende und selbstständig handelnde Mitarbeiter, so benötigen Ihre Mitarbeiter die erforderlichen Informationen. Mit untauglichen Informationen kann selbst der beste Mitarbeiter keine erstklassige Arbeit leisten. In einer Zeit, in der von einer „Informationsgesellschaft" gesprochen wird und in der uns über das Internet nahezu das gesamte Wissen der Menschheit zur Verfügung steht, degradiert der Hinweis „Das brauchen Sie nicht zu wissen" den Mitarbeiter zum „working animal".

19. Sie führen nie oder nur selten Mitarbeiterbesprechungen durch

Möglicherweise haben Sie leidvolle Erfahrungen aus nutz- und ergebnislosen Besprechungen zu Ihrer ablehnenden Haltung bewogen. Wer hat im Anschluss an Besprechungen nicht schon Kommentare gehört wie

- „Chefs Märchenstunde",
- „Außer Spesen nichts gewesen",
- „Die Besprechung kam mir länger vor als der letzte Winter."

Diese Bewertungen lösen sich jedoch bei gut vorbereiteten, durchgeführten und ausgewerteten Mitarbeiterbesprechungen in Luft auf.

Mitarbeiterbesprechungen werden entweder sporadisch oder turnusmäßig durchgeführt mit den Zielsetzungen:

Zielsetzung von Besprechungen

- Information (Austausch von Informationen und Meinungen),
- Schlichtung/Koordination (verschiedene Meinungen sollen geschlichtet und auf einen gemeinsamen Nenner gebracht werden),

- Problemlösung (optimale Lösung von Problemen) oder
- Entscheidungsvorbereitung (eine bestimmte Angelegenheit muss so oder so entschieden werden).

Generell sollen in diesen Zusammenkünften Informationen, Vorstellungen, Meinungen, Kenntnisse, Ansichten und Erfahrungen zusammengetragen und nach einem gemeinsamen Bearbeiten zu einem für den Betrieb optimalen Ergebnis geführt werden.

Faktoren einer Besprechung

Zu jeder Mitarbeiterbesprechung gehören folgende Faktoren:
- Besprechungsleiter zur Eröffnung, Darlegung der Themen, Diskussionsleitung, Zusammenfassung der Ergebnisse
- Teilnehmer zur Diskussion der Themen
- Geleitete Aussprache zu den vorgegebenen Themen, damit alle Argumente sachlich und zeitlich geordnet vorgebracht werden können
- Wille zu gemeinsamen Schlussfolgerungen bei den Anwesenden

Der Vorgesetzte als Besprechungsleiter

In Ihrer Arbeitsgruppe werden Sie im Regelfall die Leitung von Besprechungsrunden übernehmen. Allerdings kann angesichts Ihrer mit der hierarchischen Stellung verbundenen Machtbefugnisse die Gefahr nicht ausgeschlossen werden, dass es leicht zu einer Lehr-/Leerstunde kommt: Hin und wieder genießen Vorgesetzte ihre Stellung, halten lange Monologe und betrachten die Mitarbeiter als ihren Hofstaat, der einzig zur Entgegennahme ihres Imponiergehabes anwesend ist. Demzufolge sind die Mitarbeiter relativ inaktiv und halten sich bei der Aufgabenbewältigung bewusst zurück.

Um dies zu vermeiden, ist von Ihnen als Besprechungsleiter ein hohes Maß an Kooperationsbereitschaft gefordert. Sachliche und persönliche Unvoreingenommenheit sind notwendig sowie Zurückhaltung in der eigenen Meinung. Wie oft ließ sich schon beobachten, dass frühzeitig geäußerte Auffassungen des Vorgesetzten von Mitarbeitern meinungsbildend aufgenommen und dem Vorgesetzten nach dem Mund geredet wurde. Auch darf kein offenes Wort übel genommen werden. Der Vorgesetzte sollte sich immer als „Primus inter Pares" („Erster unter Gleichen") verstehen, der gleichzeitig als Katalysator für eine fruchtbringende Zusammenarbeit fungiert.

Vorbereitung in 10 Schritten

Soll die Zusammenkunft ihr Geld und ihre Zeit wert sein, ist sie gut vorzubereiten:

1. Themen formulieren und gliedern

Die zu behandelnden Themen sind für jeden Teilnehmer verständlich zu formulieren. Da Einzelprobleme leichter als umfassende Themen zu lösen sind, sollten allgemeine Obertitel und konkretisierende Untertitel festgelegt werden. Hierdurch wird der Besprechungsablauf straffer, die Diskussion gründlicher und die Teilnehmer konstatieren schneller Ergebnisse.

2. Stoff zu den Besprechungspunkten sammeln

Als Besprechungsleiter sollten Sie das „Basismaterial" zu den Besprechungsthemen studieren und rechtzeitig zusätzliche Informationen zusammenstellen und Sachverhalte gegebenenfalls visualisieren.

3. Dauer, Beginn und Ende festlegen

Sie sollten weder durch eine enge Zeitplanung die Teilnehmer unter Druck setzen noch durch zu großzügige Zeitdisposition wertvolle Zeit verschwenden. Normalerweise sollte ein Meeting höchstens eineinhalb bis zwei Stunden dauern. Längere Besprechungen sind im Regelfall zäh und unproduktiv.

4. Anzahl der Teilnehmer festlegen

Für einen intensiven und fruchtbaren Gedanken- und Meinungsaustausch sollten Sie fünf bis neun Teilnehmer vorsehen (Ausnahme: Sollen die Teilnehmer in einer Besprechung lediglich informiert werden, ist eine beliebige Teilnehmerzahl denkbar).

5. Teilnehmer auswählen

Bei der Auswahl der Teilnehmer sollten Vertreter unterschiedlicher Meinungen zu einem Thema anwesend sein, die über das erforderliche Sachwissen oder begründbare Meinungen verfügen. So wird eher gewährleistet, dass von verschiedenen Seiten an ein Problem herangegangen wird.

6. Besprechungsraum bestimmen

Ihnen muss abgeraten werden, Ihre Mitarbeiter in Ihrem Zimmer um sich zu scharen. Die räumliche Enge und die unterschiedliche Sitzverteilung (Sie „thronen" hinter Ihrem Schreibtisch, während sich die Mitarbeiter auf zum Teil mitgebrachten Stühlen ehrfurchtsvoll im Halbkreis um den Schreibtisch drapieren) verhindert oft ein störungsfreies Diskutieren. Besser ist ein besonderer möglichst ruhiger und störungsfreier Besprechungsraum ohne Telefonanschluss.

7. Teilnehmer rechtzeitig einladen

Falls Ihre Besprechungen nicht turnusmäßig stattfinden, sondern nur zu konkreten Anlässen, enthält Ihre Einladung:

- Angabe der zu behandelnden Themen,
- Hinweis auf mitzubringende Unterlagen,
- Aufforderung zu bestimmten sachlichen Vorbereitungen,
- Angabe der Teilnehmer, die einzelne Themen in Form eines Kurzvortrages präsentieren.

8. Günstige Tisch- und Sitzordnung vorsehen

Weil nur selten ein runder und von der Größe her variabler Tisch zur Verfügung steht, sollte die Rechteckform vorgesehen werden. Visuelle Hilfsmittel (z.B. Tafel, Whiteboard, Flip-Chart, Tageslichtprojektor, Notebook/Beamer) sollten sich in Ihrer Nähe befinden.

9. Visualisierungsmöglichkeiten frühzeitig bedenken
Da der Mensch Informationen aus der Umwelt durchschnittlich zu 83 Prozent über den Sehsinn und nur zu 11 Prozent über den Hörsinn wahrnimmt, können visuelle Hilfsmittel Anschaulichkeit, Gedächtnishaftung und Abwechslung verstärken. Intakte Geräte sollten zur Verfügung stehen.

10. Protokollführung klären
Die Ergebnisse Ihres Meetings sollten prinzipiell schriftlich festgehalten werden. Überlegen Sie, ob hierfür eine Sekretärin benötigt wird, die Ergebnisse sogleich auf Band gesprochen werden oder die Teilnehmer bei turnusmäßigen Besprechungen umschichtig Protokoll führen sollen.

Durchführung von Mitarbeiterbesprechungen
Nach den intensiven und delegierbaren Vorbereitungsarbeiten steht dem Beginn Ihrer Besprechung nichts mehr im Wege. Lesen Sie im Folgenden einige Anregungen, wie Sie eine gelungene Besprechung durchführen.

1. Mitarbeiterbesprechung eröffnen
Sie eröffnen pünktlich. Soll das Treffen um 10.00 Uhr beginnen, eröffnen Sie das Meeting weder um 9.59 Uhr noch um 10.01 Uhr, sondern genau um 10.00 Uhr. Wer einmal beginnt, auf Nachzügler zu warten, wartet immer! Zuspätkommer erleiden nicht nur den Schaden, Informationen versäumt zu haben, sondern erfahren auch die Missbilligung der anderen Teilnehmer.

Tipps

2. Probleme systematisch lösen
Häufig sollen in einer Mitarbeiterbesprechung Lösungsmöglichkeiten für ein Problem erarbeitet werden. In die-

sem Fall sollten mehrere idealtypische Phasen anvisiert werden.

Phase 1: Problemdefinition

Zunächst ist es wichtig, das Problem genau zu definieren, damit jeder Teilnehmer weiß, worum es in der Besprechung geht.

Phase 2: Problemanalyse

In dieser Phase bemühen sich alle Teilnehmer, mögliche Ursachen für das Problem aufzufinden und die wahrscheinliche Ursache zu entdecken. Bei den Überlegungen nach möglichen Ursachen kann die Beantwortung folgender Fragen hilfreich sein:

- Was ist vorgefallen?
- Wo passierte es?
- Wann ereignete es sich?
- Welches Ausmaß liegt vor?

Phase 3: Sammelphase

Es sollten möglichst viele Lösungsalternativen gesammelt werden. Besonders bei komplexen und neuartigen Problemen sind so viele Lösungsansätze wie nur möglich aufzulisten. Um nicht schon frühzeitig Vorschläge „zum Abschuss freizugeben", müssen alle Teilnehmer die Möglichkeit erhalten, ihre Auffassung vorzutragen, ohne sogleich kritisiert zu werden. Sie sollten also strikt darauf achten, dass zunächst nur Lösungsvorschläge gesammelt werden, ohne dass sogleich an ihnen Kritik geübt wird. Am Rande sei hier auf die gut einsetzbaren Techniken Brainstorming, Brainwriting und Kärtchenabfrage verwiesen.

Phase 4: Bewertungsphase

Die Vorschläge müssen ergänzt, geordnet und anschließend bewertet werden, mit dem Ziel, die beste realisierbare Lösung zu finden. Jetzt ist Zeit und Raum für die Aussprache, für die Diskussion der Teilnehmer. Erfahrungsgemäß beansprucht diese Phase viel Zeit. Um diese Problemlösungsstufe nicht ausufern zu lassen, können Sie mehrere Bewertungsmethoden einsetzen:

ETHOS-Formel: Mit dieser Methode untersuchen Sie die Vorschläge auf ihre Realisierbarkeit. Sie hilft Ihnen dabei, Themen aus unterschiedlichen Blickwinkeln zu betrachten. Fragen Sie sich:

Ist der Vorschlag praktikabel, annehmbar, machbar in

E	= economical	= ökonomischer, wirtschaftlicher
T	= technical	= technischer
H	= human	= menschlicher, psychologischer
O	= organizational	= organisatorischer
S	= social	= sozialer, gesellschaftlicher Hinsicht?

Fragen der Dringlichkeit: Denken Sie daran, bei der Bewertung von Vorschlägen die Dringlichkeit festzulegen. Hierfür stellen Sie die Fragen:

- *Muss* der Vorschlag realisiert werden?
- *Soll* der Vorschlag realisiert werden?
- *Kann* der Vorschlag realisiert werden?
- *Darf* der Vorschlag realisiert werden?

Plus-Minus-Methode: Soll ein einzelner Vorschlag „seziert" werden, ist eine Plus-Minus-Liste hilfreich. Auf ein gefaltetes Blatt Papier wird auf die eine Seite geschrieben, was für einen Vorschlag spricht, auf die andere, was dagegen spricht.

Entscheidungsmatrix: Diese sieht wie folgt aus: Am linken Rand des Blattes tragen Sie untereinander die Lösungsvorschläge ein, während in der Kopfleiste die einzelnen Entscheidungskriterien (Ziele sowie bindende und wünschenswerte Nebenbedingungen) – eventuell mit einem Gewichtungsfaktor versehen – berücksichtigt werden.

Die beschriebenen Bewertungsmethoden tragen auch zur Verringerung des Entscheidungsrisikos bei. Schließlich müssen Ergebnisse erzielt werden. Eine Problemlösungssitzung ohne Ergebnisse spricht nicht für Sie!

Phase 5: Realisie- **rungsphase**	Ist es zu Ergebnissen gekommen, sorgen Sie für eine Umsetzung in die Tat. Ein Vorschlag ist immer nur so gut, wie er ausgeführt wird.

3. Mitarbeiterbesprechung abschließen

Am Schluss des jeweiligen Besprechungsthemas bzw. des Meetings müssen greifbare Ergebnisse stehen. Mangelt es an ihnen, macht sich bei den Teilnehmern das deprimierende Gefühl breit, völlig umsonst kostbare Arbeitszeit vergeudet zu haben. Mitarbeiterbesprechungen dürfen angesichts der aufgewendeten Energie, Zeit und Kosten nie Selbstzweck sein!

Aktionsplan **aufstellen**	Stellen Sie zum Schluss die Ergebnisse für alle Teilnehmer gut überschaubar dar, damit jeder einen positiven Besprechungsverlauf erkennen kann. Während Sie den Teilnehmern das nach guter Arbeit berechtigte Gefühl vermitteln, durch engagiertes Mitwirken den Erfolg herbeigeführt zu haben, gönnen Ihre Mitarbeiter auch Ihnen Ihren Anteil am Erfolg.

Die Ergebnisse Ihrer Besprechungsrunde werden in einem Protokoll festgehalten. Hierbei darf der Aktionsplan nicht fehlen, in dem genau bestimmt wird, wer welche Aufgaben auszuführen hat. Indem hier auch der Zeitpunkt der Aufgabenerledigung festgelegt wird, lassen sich künftige Missverständnisse und Reibungspunkte vermeiden.

4. Auswerten von Mitarbeiterbesprechungen

Die Mitarbeiterbesprechung ist immer nur ein Teil einer Folge von Maßnahmen. Zwar ist die Besprechung mit dem offiziellen Schluss beendet, dennoch schließen sich weitere Aktivitäten an. Das „Follow-up" muss für jeden Beteiligten im Protokoll unmissverständlich sichtbar sein. Anhand dieser normalerweise als Ergebnisbericht formulierten Unterlage können Sie später kontrollieren, in welchem Umfang die entwickelten Absichten realisiert wurden.

20. Sie verhindern durch fehlerhafte Gesprächsführung das Engagement Ihrer Mitarbeiter

Mancher Vorgesetzte boykottiert unbeabsichtigt die von ihm gewünschten und herbeigeführten Mitarbeitergespräche, indem er das zu erörternde Problem seinen Mitarbeitern bewertend eröffnet und zusätzlich noch einen eigenen Lösungsvorschlag zur Diskussion stellt. So mag ein derartiges Gespräch beginnen:

„Herr Krause, wir müssen heute eine wichtige Frage besprechen, die eine große Bedeutung für Ihre Abteilung hat. Und zwar geht es um den Engpass im personellen Bereich unserer Zweigstelle. Hierzu möchte ich sehr gern Ihre Ansichten hören. Zuvor lassen Sie mich meine Meinung in dieser Angelegenheit kurz darstellen ...“

Zu frühe Meinungsäußerung

Und damit befindet sich der Mitarbeiter in einer schwierigen Situation: Einerseits braucht er sich nach den vorgetragenen Gedanken seines Vorgesetzten eigentlich gar keine

Konfliktsituation

eigenen Gedanken mehr zu dem Thema machen. Fühlt er sich zudem unsicher, wird er kaum den Mut aufbringen, Widerspruch anzumelden. Möchte er aber andererseits eine gegenteilige Auffassung herausstellen, muss er bei einem gelegentlich autoritär führenden Vorgesetzten für die Zukunft mit Repressalien (als „Oppositionsgeist" wird er nicht mehr gehört, seine Loyalität wird angezweifelt) rechnen. Also besteht die einfachste und problemloseste Handlungsweise darin, dem Vorgesetzten zuzustimmen und zusätzliche Argumente zu dessen Überlegungen beizusteuern. Der Vorgesetzte glaubt vermutlich zum Schluss, ein sehr fruchtbares Gespräch geführt zu haben, während er tatsächlich der Taktik des Mitarbeiters zum Opfer gefallen ist.

Idealer Gesprächsverlauf

Neutrale Problem-darstellung Dieser Gefahr gehen Sie mit einer wertfreien Darstellung des zu behandelnden Themas aus dem Wege:

„Herr Krause, in unserer Zweigstelle ist im personellen Bereich ein Engpass entstanden, der kurzfristig behoben werden muss. Jetzt brauche ich Ihre Mithilfe. Wie können wir Ihrer Meinung nach am besten helfen, damit in der Zweigstelle nicht alles zusammenbricht?"

Step by Step zum Ziel Für Mitarbeitergespräche, in denen Schwierigkeiten sachlicher oder persönlicher Art im Umgang mit Mitarbeitern überwunden werden sollen, Sie sich von einem Mitarbeiter über bestimmte Punkte informieren oder beraten lassen wollen oder in denen Sie zusammen mit dem Mitarbeiter ein Problem lösen möchten, sollten Sie den folgenden Gesprächsverlauf anstreben:
1. Herstellen des zwischenmenschlichen Kontakts
2. Wertfreie (!!!) Schilderung des Problems
3. Stellungnahme des Mitarbeiters erbitten

4. Diskussion über geäußerte Gedanken
5. Ergänzungen erbitten
6. Erst jetzt möglichen eigenen Lösungsvorschlag nennen (aber bitte nicht als bereits getroffene Entscheidung vortragen, sondern als Diskussionsgrundlage: „Was würden Sie davon halten, wenn wir ...?")
7. Bisherige Gesprächsergebnisse zusammenfassen
8. Entscheidung treffen (evtl. auch später)
9. Mitteilung der Entscheidung (evtl. auch später)
10. Gesprächsschluss in positiver Atmosphäre

Hinweis Wie in Punkt 8 und 9 angedeutet, werden Sie nicht in jedem Fall vor dem Gesprächsabschluss eine Entscheidung treffen. Möglicherweise wollen Sie erst noch andere Stellen oder weitere Mitarbeiter hören oder auf anderem Wege zusätzliche Informationen einholen und verarbeiten. Oft müssen Informationen aus vielfältigen Quellen zusammenfließen, um die optimale Lösung zu finden.

Rückmeldung geben In jedem Fall sollten die beteiligten Mitarbeiter aber eine Rückmeldung über das endgültige Ergebnis erhalten. Würden sie von dieser Information ausgeschlossen, könnten sie sich kein Bild über ihren Beitrag machen und würden Sie künftig lustlos und wenig motiviert beraten.

Auf den Punkt gebracht

Da Sie Entscheidungen eher selten alleine treffen (siehe Seite 196), ist es wichtig, das Wissen und das Können des Mitarbeiters, seine Ideen und seine Vorschläge für Ihre Entscheidungen nutzbar zu machen. Indem Sie in einem Klima gegenseitiger Wertschätzung das Gespräch führen und vor allem das im Fokus stehende Problem neutral darstellen, wird das Gespräch an Substanz gewinnen, und die erzielten Ergebnisse werden Sie ein Stück voranbringen.

21. Sie neigen zu Perfektionismus

Manche Eltern übertragen bereits in den ersten Lebensjahren ein bestimmtes Wertesystem auf ihre Kinder, das diese verinnerlichen und zur Richtschnur für ihr weiteres Leben nehmen. Aussagen wie

- „Ich muss alles im Griff haben."
- „Ich muss stets pünktlich sein."
- „Ich muss immer kompetent sein."
- „Entweder mache ich es hundertprozentig oder gar nicht."

weisen auf derartige Lebensregeln hin, denen häufig bis zum Lebensende die Treue gehalten wird.

Perfektionismus – selten erforderlich

Diese auf Hundertprozentigkeit ausgerichteten ungeschriebenen Lebensgesetze sind förderlich bei Arbeitsplätzen oder Tätigkeiten, die ein akribisches und perfektionistisches Arbeiten voraussetzen (z.B. Fallschirmpacker, Bremseninstandsetzer, Chirurg Tätigkeiten – hier geht es im Ernstfall um Sein oder Nichtsein). An den allermeisten Arbeitsplätzen ist perfektionistisches Arbeiten jedoch hinderlich, kostet unnötig Zeit und Geld und stellt eine Erfolgsbremse dar. Man schafft trotz eines großen Zeit- und Energieaufwandes nie seine Arbeit, weil alles bin ins kleinste Detail intensiv beleuchtet und geprüft wird. Perfektionisten beißen sich an einer Aufgabe fest, verfolgen mit großer Intensität nur eine Spur und engen bei unaufhaltsam verrinnender Zeit ihren Gesichtskreis ein. Von Kollegen werden sie als „Kleinlichkeitskrämer", „Haarspalter", „Pedant" oder „Korinthenkacker" eingestuft. Zumeist stehen die erzielten Arbeitsergebnisse in keinem angemessenen Verhältnis zu den eingesetzten Ressourcen. Letztlich fühlt sich der zum Perfektionismus neigende Mensch von den beruflichen Zwängen überfordert, die motivierenden Erfolgserlebnisse bleiben aus und die Unzufriedenheit wird kontinuierlich größer.

Winston Churchill erkannte: „Perfektion bedeutet Lähmung!"

Gut statt perfekt

Auch wenn es Ihnen zunächst „gegen den Strich geht", zwingen Sie sich, Mut zur Lücke zu zeigen und nicht alles hundertprozentig zu erledigen. Es gibt auch an Ihrem Arbeitsplatz Aufgaben, die nicht so wichtig sind. An ihnen sollten Sie den Mut zur Lücke üben.

Schrauben Sie Ihren Leistungsanspruch von Perfektion auf Qualität zurück. Zwingen Sie sich, den Anspruch auf perfektes Arbeiten durch den Anspruch auf gutes Arbeiten zu ersetzen:

Abgespeckte Ziele

- Sie müssen nicht überpünktlich sein, Pünktlichkeit genügt vollauf.
- Sie müssen nicht fehlerlos arbeiten (was auf Dauer sowieso nicht zu erreichen ist), sollten allerdings bereit sein, aus gemachten Fehlern zu lernen.
- Sie müssen nicht alles in eigener Regie behalten nach dem Motto „Nur was ich selber mache, ist wirklich gemacht". Wozu gibt es die Möglichkeit des Delegierens?
- Sie müssen nicht alles wissen. Wozu gibt es Nachschlagewerke, Vorschriftensammlungen, Wikipedia u.Ä.?
- Sie müssen nicht alle Arbeiten Ihrer Mitarbeiter kontrollieren. Mit gut durchdachten Stichprobenkontrollen (siehe Seite 72) kommen Sie Ihrer Führungsverantwortung nach.
- Sie müssen nicht für einen stets „geleckten" Arbeitsplatz sorgen. Das Aufräumen am Ende des Arbeitstages sollte reichen.
- Sie müssen sich nicht in jedes Detail einer schriftlichen Arbeit vertiefen. Besser wäre es, zunächst die gesamte Arbeit zu Papier zu bringen und danach gezielt an Formulierungen zu feilen.

- Sie müssen von Ihren Mitarbeitern kein perfektes Arbeiten erwarten, sondern sollten auch Toleranz im Umgang mit vermeintlichen Schwächen anderer Menschen üben.

> **Auf den Punkt gebracht**
> Indem Sie sich ein Zeitlimit setzen, das eine gute Erledigung Ihrer Aufgaben ermöglicht, und dieses auch diszipliniert im Auge behalten, befinden Sie sich auf einem guten Weg, den störenden Perfektionismus um jeden Preis durch schnelleres und produktiveres Arbeiten zu ersetzen.

22. Sie halten sich beim Delegieren zurück

Vielleicht führen Sie bisher einen der folgenden Vorbehalte ins Feld, um die Delegation als wirksame Managementmethode nicht praktizieren zu müssen:

- Weshalb soll ich eine Aufgabe delegieren, wenn ich sie besser erledigen kann als meine Mitarbeiter?
- Ich will meine Mitarbeiter nicht überfordern, weil sie nicht über die notwendige Erfahrung verfügen.
- Wenn ich es selber mache, geht es schneller, und es wird kostbare Zeit gespart.
- Welche Wertschätzung genieße ich, wenn ein Mitarbeiter die bislang von mir erledigte Aufgabe besser als ich bewältigt?
- Wenn ich die Aufgabenerledigung aus dem Blick verliere, weiß ich nicht mehr, was in meinem Bereich geschieht.
- Mit der Bewältigung eines umfangreichen Arbeitspensums bin ich Vorbild und will es auch bleiben.
- Ich delegiere keine Aufgaben, die mir Spaß und Freude bereiten.

Diese Vorbehalte lassen sich bei einer kritischen Überprü- **Vorbehalte ablegen**
fung nicht aufrechterhalten. Streichen Sie also die irrige An-
sicht aus Ihrem Repertoire: „Delegiere niemals, denn nur
was Du selbst machst, ist wirklich gemacht". Dann haben Sie
den Kopf frei und können sich ohne unnützen, einengenden
und störenden Ballast vorurteilsfrei mit der Delegation und
ihren Vorzügen beschäftigen.

Was bedeutet Delegation?

Zur Delegation gehören

- die Übertragung von Aufgaben oder Tätigkeiten aus dem
  Funktionsbereich eines Vorgesetzten auf einen Mitarbeiter,
- die Zuweisung der für die Aufgabenerfüllung notwendigen Kompetenzen (d.h. das Recht, alle zur Erfüllung
  der Aufgabe notwendigen Handlungen vorzunehmen)
  und
- die Verantwortung für die sachgerechte Durchführung
  der Aufgabe.

Gleichzeitig mit der Übertragung von Aufgaben (= Vervielfältigung der ausführenden Hände) werden die erforderlichen Kompetenzen (= Vervielfältigung der mitdenkenden
und mithandelnden Köpfe) und die Verantwortung (= Vervielfältigung der tragenden Schultern) delegiert. Sie übertragen dem Mitarbeiter durch das Delegieren eine Zuständigkeit für einen bestimmten Bereich oder ein Projekt. Innerhalb dieser Zuständigkeit kann und soll er selbstständig planen, entscheiden und handeln. Somit liegen Entscheidung,
Durchführung und Verantwortung in einer Hand.

> **Im Idealfall denkt und handelt der Mitarbeiter unterneh-
> merisch nach dem Motto: „Jeder Mitarbeiter ein Unterneh-
> mer im Unternehmen!"**

Delegierbare Aufgaben	Delegierbar sind

Delegierbar sind
- Routineaufgaben,
- Spezialistentätigkeiten,
- Detailfragen und
- vorbereitende Arbeiten für von Ihnen zu treffende Entscheidungen (z.B. Informationsbeschaffung und -analyse).

Nicht delegierbare Aufgaben

Nicht delegierbar sind
- Führungsaufgaben (Ziele vereinbaren, planen, entscheiden, realisieren (lassen), kontrollieren),
- außergewöhnliche Fälle (wichtige Aufgaben von großer Tragweite und/oder hohem Risikoanteil sowie akute, eilige Aufgaben),
- vertrauliche Angelegenheiten und
- sicherheitsrelevante Aspekte.

6 Gründe für verstärktes Delegieren

1. Entlastung des Vorgesetzten
Mittels Delegation gewinnen Sie Zeit und Kraft für Ihre eigentlichen Aufgaben und setzen Kapazitäten frei für die richtigen und wichtigen Dinge.

2. Steigerung der Motivation der Mitarbeiter
Das Delegieren können Sie als wichtigen Motivator einsetzen, weil dadurch psychologische Bedürfnisse wie Selbstentfaltung und Differenzierung Ihrer Mitarbeiter befriedigt werden. Tatsächlich bewerten die meisten Mitarbeiter das richtige Delegieren als Bedeutungsgewinn, Vertrauensbeweis und einen Schritt zu größerer Selbstständigkeit.

3. Mitarbeiterpotenzial wird genutzt
Mitarbeiter verfügen zumeist über mehr Fachkompetenz, als bisher von Ihnen abgerufen wurde. Je mehr Fachaufgaben

von Ihren qualifizierten Mitarbeitern übernommen werden, umso erfolgreicher können Sie sich Ihren Führungsaufgaben widmen.

4. Individuelle Persönlichkeitsentwicklung
Durch die Entwicklung und Förderung von Selbstständigkeit, Initiative und Kompetenz entwickelt sich der Mitarbeiter in seiner Persönlichkeit weiter.

5. Sicherung einer kontinuierlichen Aufgabenerledigung bei Ihrem Ausfall
Delegation stellt eine unerlässliche Vorbeugungsmaßnahme gegen unvorhersehbare Ausfälle dar. Durch die Übertragung von Aufgaben und Zuständigkeiten auf mehrere Personen wird der plötzliche Ausfall einer Führungskraft weit eher verkraftet, als wenn nur eine Person über die wichtigen betriebsrelevanten Informationen verfügt.

6. Erleichterung des eigenen beruflichen Fortkommens
Wollen Sie Karriere machen, sollten Sie in Ihrem eigenen Interesse ein überdurchschnittlicher Delegierer sein! In der durch das Delegieren gewonnenen Zeit können Sie positiv auf sich aufmerksam machen (z.B. besondere Projekte übernehmen, Visionen in die Tat umsetzen), um damit auch Ihr berufliches Fortkommen zu fördern.

Delegieren mit Verstand
Im betrieblichen Alltag besteht eine Delegation oft genug in den lapidaren Worten des Vorgesetzten „Machen Sie mal ...". Wenn sich anschließend ein Misserfolg einstellt, sieht sich dieser Vorgesetzte entweder in seiner Auffassung bestätigt, dass Delegation Teufelszeug ist, oder er meint, es nur mit unfähigen Mitarbeitern zu tun zu haben.

Beabsichtigen Sie zu delegieren, ist ein behutsames, durchdachtes und schrittweises Vorgehen angesagt:

1. Ermitteln Sie den Ist-Zustand

Sie ermitteln zunächst den Ist-Zustand. Stellen Sie Ihre derzeitigen Tätigkeiten in einer Checkliste zusammen, die alle zu berücksichtigenden Aspekte erfasst: Inhalt, zeitlicher Umfang, Bedeutung, Schwierigkeitsgrad, Dringlichkeit, regelmäßige/unregelmäßige Wiederkehr.

2. Identifizieren Sie die delegierbaren Aufgaben

Aus den aufgelisteten Tätigkeiten streichen Sie alle Führungsaufgaben, die nur Sie wahrzunehmen haben. Darüber hinaus sondern Sie jene Aufgaben aus, die als außergewöhnliche Fälle und vertrauliche/sicherheitsrelevante Angelegenheiten einzustufen sind. Übrig sind danach noch Aufgaben, die delegierbar sind.

3. Legen Sie fest, an wen delegiert werden soll

Analysieren Sie, welchem direkt unterstellten Mitarbeiter Sie Aufgaben mit Kompetenzen und Verantwortung übertragen wollen, im Hinblick auf

- sachlich-organisatorische Gegebenheiten (Passt die zu delegierende Aufgabe von der Sache her in ein bereits bestehendes Aufgabengebiet hinein?),
- mögliche tarifrechtliche Auswirkungen,
- gerechte Auslastung der Mitarbeiter (Haben einige Mitarbeiter hinsichtlich ihres Arbeitspensums noch Luft, versuchen Sie, dies produktiv zu nutzen).
- das Maß an Verantwortung (Vergewissern Sie sich rechtzeitig in einem offenen Gespräch mit dem Mitarbeiter, dass dieser die Übertragung der Verantwortung auch akzeptiert, seine neue Rolle versteht und sich der Tragweite seines künftigen Engagements bewusst ist. Hatten Mitarbeiter bisher keine Gelegenheit, Freude an der Übernahme von Verantwortung zu entwickeln, stehen sie die-

ser teils hilflos, teils ängstlich gegenüber. Bemühen Sie sich, den angeblichen wie den tatsächlichen Gründen für eine ablehnende Haltung auf die Spur zu kommen, anstatt mittels Ihres Direktionsrechts die Delegation durchzusetzen. Anschließend stärken Sie ohne Hektik das Selbstbewusstsein des Mitarbeiters und streben einen Konsens für die vorgesehene Delegation an.),

▓ die fachliche Kompetenz (Überlegen Sie, wer die Fähigkeit mitbringt, zugedachte Aufgaben unter Berücksichtigung vorhandener Fachkenntnisse, Spezialkenntnisse und Neigungen ohne oder mit Vorbereitung zu übernehmen.).

4. Sorgen Sie dafür, dass der Mitarbeiter das erforderliche Know-how erwirbt

Ist für die zu delegierende Aufgabe ein Lernbedarf erkennbar, stellen sich Ihnen die Fragen:

▓ Was soll vermittelt werden?
▓ In welcher Zeit soll dies geschehen?
▓ Wer soll das Know-how vermitteln?
▓ Wie soll vorgegangen werden?

5. Sehen Sie möglichst eine dauerhafte Delegation vor

Streben Sie eine dauerhafte und generelle Delegation (die Aufgabe wird zur selbstständigen Wahrnehmung komplett an den Mitarbeiter übertragen) an, vermeiden Sie die fallweise, gelegentliche Delegation (die Aufgabe verbleibt im Funktionsbereich des Vorgesetzten). Bei sporadischer Delegation erlebt sich der Mitarbeiter als bloßer Ersatzmann und wird in seiner Selbstständigkeit und Initiative beeinträchtigt.

6. Delegieren Sie möglichst Aufgabenkomplexe

Delegieren Sie möglichst große, in sich geschlossene Aufgaben bzw. Aufgabenkomplexe und nicht isolierte Teilaufgaben. Werden nur Teilvorgänge übertragen, gewinnt der Mitarbeiter keine Gesamtübersicht und arbeitet vielleicht nach anderen Prioritäten. Lücken und Überlappungen wären nicht auszuschließen, sodass Koordinierungsprobleme auftreten können. Gelegentlich mag auch beim Mitarbeiter der Eindruck entstehen, er habe nur Stückwerk zu liefern, sodass sein Arbeitsauftrag ohne weiteres austauschbar sei.

7. Delegieren Sie nicht nur unangenehme Aufgaben
Widerstehen Sie dem Kardinalfehler von Vorgesetzten, nur unangenehme, mühsame, konfliktträchtige, undankbare oder lästige Aufgaben zu delegieren oder solche, an denen Sie bereits erfolglos herumprobiert haben. Auch das bloße Übertragen von routinemäßigen und bedeutungslosen Aufgaben wird Ihrem Mitarbeiter wenig sinnvoll erscheinen und seinen Missmut eher steigern. Delegieren ist nicht gleichbedeutend mit Schuttabladen! Behalten Sie die interessanten und dankbaren Aufgaben, die „Rosinen" für sich und laden Ihren Mitarbeitern lediglich Ihren „Schrott" auf, können Sie kein positives Echo erwarten.

8. Stellen Sie dem Mitarbeiter seine gestiegene Bedeutung dar
Erklären Sie dem Mitarbeiter, warum gerade er die neue Aufgabe mit Kompetenzen und Verantwortung übertragen erhält. Es genügt nicht, allein den technischen Ablauf einer Arbeit zu erläutern. Machen Sie dem Mitarbeiter auch verständlich, weshalb die delegierte Aufgabe für das Unternehmen oder die Abteilung besonders wichtig ist. Weiß der Mitarbeiter, weshalb seine Arbeitsleistung zum Gesamtergebnis beiträgt, wird er sich weniger als unwichtiges „Rädchen" empfinden.

Oft sind fünf Minuten entscheidend, ob Sie Ihr anvisiertes Ziel erreichen oder nicht. Dies gilt auch für Ihr Delegationsgespräch. Äußern Sie spontan „Für diese Aufgabe habe ich nicht mehr die Zeit. Ich muss mich um wichtigere Dinge kümmern!" oder „Das Unternehmen bezahlt mich nicht für

Hilfsarbeiten, das entspricht eher Ihrer Tarifgruppe", wirkt derartige Begleitmusik demotivierend und damit leistungshemmend. Delegation darf keinesfalls mit dem Stempel geringwertiger, weniger bedeutsamer Arbeit versehen werden. Nehmen Sie sich die paar Minuten und überdenken Sie nach dem Motto „Wie sag ich es meinem Mitarbeiter?" Ihr Vorgehen. Gelingt es Ihnen anschließend, Ihrem Mitarbeiter mit einer gewissen Begeisterung die vorgesehene neue Aufgabe darzustellen, hat sich Ihre kurze Vorbereitungsphase bestens ausgezahlt.

9. Versorgen Sie den Mitarbeiter mit notwendigen Informationen

Geben und verschaffen Sie dem Mitarbeiter Zugang zu allen notwendigen Informationen. Sie wissen, dass heutzutage der „Produktionsfaktor Information" mehr und mehr an Gewicht gewinnt.

10. Geben Sie dem Mitarbeiter Unterschriftsbefugnis

Vergessen Sie nicht, mit der Entscheidungsbefugnis dem Mitarbeiter auch die Zeichnungsbefugnis zu geben. Soll der Mitarbeiter in seinem Delegationsbereich selbstständig handeln (Motto: „Wo zuständig, da selbstständig!"), bedeutet das auch praktisch: unterschreiben dürfen. Die Unterschrift besiegelt dabei die persönliche Haftung.

11. Vereinbaren Sie Ziele

Vereinbaren Sie mit dem Mitarbeiter verbindliche Ziele.

Was soll getan werden?
- Was ist überhaupt alles zu tun?
- Welche Teilaufgaben sind im Einzelnen zu erledigen?
- Welches Ergebnis wird angestrebt?
- Welche Abweichungen vom Soll können akzeptiert werden?
- Welche Schwierigkeiten sind zu erwarten?

Warum soll es getan werden?
- Welchem Zweck dient die Aufgabe?
- Was passiert, wenn die Arbeit nicht oder unvollständig ausgeführt wird?

Wann soll die Aufgabe abgeschlossen sein?
- Wann muss mit der Arbeit begonnen werden?
- Wann muss die Arbeit abgeschlossen sein?
- Welche Zwischentermine sind einzuhalten?
- Wann soll mich der Mitarbeiter über Fortschritte informieren?
- Wann sollte ich Stichprobenkontrollen vorsehen?

12. Vernachlässigen Sie Ihre Kontrollaufgaben nicht

Wegen des erhöhten Risikos während der Anlaufphase ist es wichtig, Ihrer Kontrollfunktion (siehe Seite 67) unter den Vorzeichen „aktive Hilfestellung" und „verständnisvolle Begleitung" nachzukommen.

13. Lassen Sie keine Rückdelegation zu

Angst, Unsicherheit, das Gefühl der Überforderung, Faulheit, mangelndes Engagement – es gibt viele Gründe, warum Mitarbeiter versuchen, Aufgaben wieder an den Vorgesetzten zurückzudelegieren. Hier müssen Sie Einhalt gebieten und ein ganz klares NEIN entgegensetzen (siehe Seite 165).

14. Gestehen Sie dem Mitarbeiter die erforderliche Umstellungszeit zu

Kam die Delegation auf Ihre Initiative zustande, haben Sie sich regelmäßig über eine längere Zeit mit der Umstellung gedanklich auseinandergesetzt. Auch kennen Sie die zu delegierende Aufgabe aus dem Effeff. Werden Sie also nicht gleich ungeduldig, wenn nicht jeder Mitarbeiter die Delegation auf Anhieb „verkraftet". Manchen Mitarbeitern fällt es nicht leicht, sich von heute auf morgen umzustellen, denn sie sind – wie wir alle – „Gewohnheitstiere".

Begehen Sie nicht aus lauter Ungeduld den Fehler, eine vollzogene Delegation beim Erkennen eines ersten Fehlers wegen einer vermeintlichen „Unfähigkeit" des Mitarbeiters sofort wieder rückgängig zu machen. Für manche Vorgesetzte ist es leider charakteristisch, dass sie nur halbherzig delegieren und dann bei der ersten Gelegenheit umkehren wollen. Ihr Vertrauen in die Leistungsbereitschaft des Mitarbeiters bleibt stets ein Wagnis und sollte nicht bei einem geringfügigen Anlass sofort entzogen werden.

15. Das „Follow-up" darf nicht fehlen

Unabhängig von Ihrer Kontrollpflicht sehen Sie nach erst- oder mehrmaliger Durchführung der delegierten Aufgabe eine Nachbesprechung mit dem Mitarbeiter vor. Dieses Gespräch führen Sie nicht überfallartig zwischen Tür und Angel, sondern vereinbaren rechtzeitig einen Termin, damit sich der Mitarbeiter vorbereiten kann. Selbstverständlich machen Sie sich vorher Gedanken, wie nach Ihren Kontrollergebnissen der Mitarbeiter die Aufgabe gemeistert hat, was gut gelaufen ist und was als verbesserungswürdig eingestuft werden kann. Da der Mitarbeiter die delegierte Aufgabe auch künftig bestmöglich erledigen soll, ist natürlich seine Meinung gefragt. Selbst wenn bislang die Aufgabenerledigung noch nicht Ihren Vorstellungen entspricht, führen Sie das Gespräch dennoch in einer kooperativen und konstruktiven Atmosphäre. Ihr Bestreben sollte stets sein, den Mitarbeiter aufzubauen, damit er optimale Leistungsergebnisse bei einem hohen Maß an persönlicher Zufriedenheit erzielt.

Auf den Punkt gebracht
Mit verstärkter Delegation schlagen Sie mehrere Fliegen mit einer Klappe: Die Aufgaben in Ihrem Zuständigkeitsbereich werden von Ihren motivierten Mitarbeitern optimal erledigt. Mit dem Zuwachs an neuen, komplexen und herausfordernden Aufgaben einschließ-

lich Übertragung von Kompetenzen und Verantwortung entwickeln sich Ihre Mitarbeiter weiter. Bald genießen Sie nicht nur eine zeitliche Entlastung, sondern zudem das Image eines erfolgreichen Vorgesetzten. Sie haben verinnerlicht: Wer ein Orchester leiten will, der muss andere spielen lassen!

23. Sie fördern nicht die berufliche Weiterbildung Ihrer Mitarbeiter

In einer Zeit, in der neue Techniken immer stärker im Berufsleben Einzug halten und Entwicklungszeiten und Produktionszyklen ständig verkürzt werden, wächst die Bedeutung einer schnellen Anpassung an neue Rahmenbedingungen. Das Wissen nimmt rapide zu und lässt vorhandenes Wissen schneller veralten. Diese Wissensexplosion (der Wissensbestand verdoppelt sich alle zwei Jahre!) bewirkt ein ständiges Absinken der „Halbwertzeit des Wissens": Heute Gelerntes ist nach einigen Jahren nicht mehr anwendbar. Demzufolge ist die Bereitschaft und Fähigkeit zu ständiger Weiterbildung, zum gezielten Aneignen erforderlicher neuer Spezialkenntnisse, zur Verzögerung eines altersbedingten Leistungsabfalls sowie zur Teilhabe am allgemeinen Wissensfortschritt unverzichtbar.

Wissen = Wettbewerbsvorteil

Die Bereitschaft und Fähigkeit der Betriebsmitglieder, sich diesem ständigen Lernprozess zu stellen und ihn erfolgreich zu bestehen, wird zur Schlüsselqualifikation für jeden Betriebsangehörigen und gleichzeitig zu einem gravierenden Wettbewerbsvorteil des Unternehmens.

Instrumente der Weiterbildung

Unternehmen nutzen verschiedene Möglichkeiten, um Betriebsangehörige zu entwickeln und zu fördern, sie zu qualifizieren (Ziel: könnende Mitarbeiter) und zu motivieren (Ziel: wollende Mitarbeiter):

- Betriebsinterne/-externe Seminare
- Learning by Doing
- Coaching
- Paten-/Mentorsystem
- Auslandseinsatz
- Job Rotation (Arbeitsplatzwechsel) / Job Enlargement (Aufgabenerweiterung) / Job Enrichment (Arbeitsbereicherung)
- Sonderaufträge, Projektarbeit
- Selbststudium, Fachliteratur, E-Learning
- Delegation von Aufgaben, Kompetenzen und Verantwortung

Um die Effektivität der beruflichen Weiterbildung Ihrer Mitarbeiter zu steigern, sollten Sie im Rahmen von Jahres-/Mitarbeitergesprächen Ihre Mitarbeiter sowie die von ihnen gezeigten Leistungen beurteilen. Wagen Sie auch eine Prognose über ihre künftigen Entwicklungsmöglichkeiten im Unternehmen. Das Ergebnis wird als Förderungs- und Entwicklungsziel im Gesprächsprotokoll dokumentiert und bildet die Grundlage, den Mitarbeiter für entsprechende Weiterbildungsmaßnahmen vorzusehen und mit neuen Herausforderungen zu konfrontieren. Bringt ein Mitarbeiter Ihren Bemühungen um Anhebung seines Qualifizierungsniveaus Widerstand entgegen, lesen Sie bitte auf Seite 193 weiter.

Potenzial ermitteln

Schließen wir dieses Kapitel des Erfolgsförders „Berufliche Weiterbildung" mit einer nach wie vor gültigen Erkenntnis:

> **„Die wertvollste Investition ist die in den Menschen!"**
> **(Jean-Jacques Rousseau)**

> **Auf den Punkt gebracht**
> Die Qualität einer Führungskraft lässt sich auch an der zunehmenden Qualifizierung ihrer Mitarbeiter ablesen: Erfolgsorientierte Vorgesetzte ermöglichen ihren Mitarbeitern berufliche Qualifizierungen, die für aktuelle und künftige Aufgaben benötigt werden. Schwache Vorgesetzte behindern hingegen die Qualifizierung ihrer Mitarbeiter, weil sie sich dieser Aufgabe entweder aus Bequemlichkeit nicht stellen oder sich von ihrer Furcht leiten lassen, Mitarbeiter könnten ihnen den Arbeitsplatz streitig machen.

24. Sie sind unsicher, ob Sie Mitarbeiter gerecht beurteilen

Die Beurteilung eines Mitarbeiters kann wesentliche Auswirkungen auf dessen berufliche Laufbahn haben und verlangt daher von Ihnen ein Urteil, das Sie jederzeit sachlich begründen und verantworten können. Beurteilungsfehler gilt es zu vermeiden, die rosarote Brille bei sympathischen Mitarbeitern abzusetzen und die Schwarzseherei bei missliebigen Mitarbeitern nicht zuzulassen.

Kontrollergebnisse transparent machen
Wenn Sie bisher regelmäßig im erforderlichen Umfang der Führungsaufgabe Kontrolle nachgekommen sind und anschließend die Führungsmittel Anerkennung und Kritik zielgerichtet eingesetzt haben, dann erfolgte in der täglichen Zusammenarbeit ohnehin eine regelmäßige Beurteilung. Ein formelles Beurteilungsverfahren macht die Ergebnisse offiziell und transparent.

Beurteilungsverfahren
Die Mitarbeiterbeurteilung zählt zu Ihren nicht delegierbaren Aufgaben. Es gilt die Regel, dass das Urteil über Menschen, für die Sie Verantwortung tragen, ausschließlich von

Ihnen selbst abzugeben ist. Um zu einer möglichst gerechten Beurteilung zu gelangen, sollten Sie nach einem dreigliedrigen Stufenplan vorgehen:

Stufe 1: Beobachten

Ein guter Beobachter wird

- weder Gerüchten, Vermutungen noch ungeprüften Aussagen Dritter folgen, sondern seine Beobachtungen auf nachprüfbare Fakten stützen,
- keinesfalls einmalige Schwächen und einmaliges Versagen zur Grundlage seiner Beurteilung nehmen, sondern darauf bedacht sein, typische und ausgeprägte Merkmale des Mitarbeiters zu ermitteln,
- sich nicht mit wenigen Beispielen begnügen, sondern während des gesamten Beurteilungszeitraumes Fakten sammeln und dabei möglichst viele und unterschiedliche Arbeitssituationen berücksichtigen. „Quartalsarbeitern" geben Sie damit keine Chance, zu einer positiven Beurteilung zu gelangen, die ihnen nicht zusteht,
- zur Absicherung seiner Beobachtungen nicht die vorherige Beurteilung zu Rate ziehen (dies wäre erst nach Abschluss der Stufe 3 akzeptabel). In diesem frühen Stadium würde der Rückgriff auf frühere Erkenntnisse die jetzigen Beobachtungen beeinflussen und den Blick für positive oder negative Veränderungen trüben. Nur unsichere, bequeme oder verantwortungsscheue Vorgesetzte schauen bereits jetzt in ältere Beurteilungen,
- nicht nur unzureichende Arbeitsergebnisse sowie unangenehme und negative Verhaltensweisen zur Kenntnis nehmen, sondern auch die beobachteten positiven Gesichtspunkte.

Beobachtungen als Beurteilungsbasis

Stufe 2: Beschreiben

Sie erschweren sich die Beurteilung, wenn Sie Ihre Beobachtungen lediglich Ihrem „löchrigen" Gedächtnis anvertrauen, anstatt sie schriftlich niederzulegen. Sammeln und beschrei-

Hilfreiche Aufzeichnungen

ben Sie die einzelnen Fakten bis zur fälligen Beurteilung auf Hilfsbögen:

Name des Mitarbeiters	Leistung/Verhalten	Wie/wo/wann beobachtet?

Auch positive Leistungen notieren

Denken Sie daran, nicht nur negative, sondern auch gute und sehr gute Leistungen zu vermerken. Entwickeln Sie bei der Beurteilung weder Pedanterie noch den Ehrgeiz, das Auftreten Ihrer Mitarbeiter umfassend beschreiben zu wollen. Das akribische Führen von „Schwarzbüchern" oder „Sündenregistern" bringt Ihnen nur den Ruf, ein Schnüffler zu sein und ist in keinem Fall mit zeitgemäßem Vorgesetztenverhalten zu vereinbaren.

Stufe 3: Bewerten

Der Durchschnitt als Maßstab

Bei der Bewertung von Mitarbeiterleistungen und -verhalten verlassen sich mache Vorgesetzte auf ihr Gespür und weisen sogar mit Bemerkungen wie „Mein gesunder Menschenverstand sagt mir …" oder „Das habe ich einfach im Gefühl, das ist nun mal so …" darauf hin. Trotz solcher Aussagen darf das Gefühl nicht als verlässlicher Maßstab anerkannt werden, weil die Fehlerquelle zu hoch und die Objektivität viel zu niedrig ist. Ein angemessenes Urteil kann nur mittels eines verlässlichen Maßstabes abgegeben werden. Maßstab muss der in einer vergleichbaren Personengruppe durchschnittliche Mitarbeiter sein. Dadurch sehen Sie den zu beurteilenden Mitarbeiter nicht isoliert, sondern messen ihn an den Leistungen der übrigen Kollegen und versuchen abzuwägen, wo er in einem gedachten Koordinatensystem einzuordnen wäre.

Hilfreich ist, für jedes Beurteilungsmerkmal (z.B. Arbeitsqualität, Arbeitstempo, Belastbarkeit, Fachwissen, Flexibilität, Kommunikationsfähigkeit, Führungsverhalten, Kundenorientierung, Motivation, Organisationsvermögen, Qualitätsbewusstsein, Teamfähigkeit, Zielstrebigkeit) eine Rangfolge unter den vergleichbaren Mitarbeitern zu bilden („An erster Stelle ist Müller, an zweiter Meyer ... einzustufen"). Möglich wäre auch ein Paarvergleich: Jeder Mitarbeiter wird mit jedem anderen hinsichtlich eines bestimmten Beurteilungsmerkmals verglichen und es wird jeweils ermittelt, welcher überlegen ist. Sie können auch eine Prozent-Rangliste mit schrittweiser Entscheidung kombinieren: Hierbei entscheiden Sie zunächst bei jedem Beurteilungsmerkmal, ob der betreffende Mitarbeiter zur oberen oder zur unteren Hälfte der vergleichbaren Mitarbeitergruppe zählt. Danach legen Sie bei der ermittelten Hälfte fest, ob der Mitarbeiter hier zur oberen oder unteren Hälfte zählt.

Wichtig bei diesen Überlegungen ist, dass der Bewertungsmaßstab und die von Ihnen aufgestellte Rangfolge der Mitarbeiter nur für Ihren persönlichen Gebrauch bestimmt sind und nicht nach außen gelangen.

Fehlerquellen und Verfälschungstendenzen

Gewiss trifft zu, dass die Beurteilung von Menschen durch Menschen – und würde sie noch so sorgfältig überlegt und durchgeführt – ein schwieriges Unterfangen ist und es auch bleiben wird. Ergebnisverfälschende Aspekte verschiedener Art sind hierfür verantwortlich. Wie oft schon wurden Beurteilungsergebnisse unbemerkt durch Persönliches beeinflusst wie etwa durch gleiche beziehungsweise ähnliche Zu- und

„Nobody is perfect"

Abneigungen, zufällige Übereinstimmungen in privaten Dingen, ähnliche Schicksale oder landsmannschaftliche Verbundenheit. Mancher Mitarbeiter gibt sich seinem Vorgesetzten gegenüber anders, als er sich sonst verhält. Ein anderer wird vielleicht versuchen, sich den Vorlieben seines Vorgesetzten anzupassen. Das Arbeitsklima, der Einfluss der Kollegen oder auch die Art der zu verrichtenden Tätigkeit wirken sich auf das Verhalten des Mitarbeiters aus. Selbst der „Geist der Stunde" vermag Beurteilungen zu verzerren. So können Beurteilungen durchaus davon abhängig sein, ob sie in einem Stimmungshoch oder -tief abgegeben wurden.

Überprüfen Sie selbstkritisch die nachstehend beschriebenen Fehlerquellen und Verfälschungstendenzen.

Tendenz zur Mitte Mancher Vorgesetzte empfindet das Beurteilen von Mitarbeitern als besonders mit Risiken besetzt. Bevor er sich deutlich im positiven oder negativen Bereich der Bewertungsskala festlegt, wird ein mittleres Urteil abgegeben. Damit werden die Mitarbeiter „grau in grau" gemalt, sodass die Beurteilung ein uncharakteristisches Porträt darstellt.

Tendenz zur Milde Günstige und wünschenswerte Merkmale werden als stärker vorhanden dargestellt, während ungünstige und nicht gewünschte Merkmale als weniger ausgeprägt beschrieben werden. Der Beurteiler glaubt, mit Gefälligkeitsbeurteilungen „eitel Sonnenschein" zu verbreiten. Mit dieser falsch verstandenen Menschenfreundlichkeit nimmt er dem Mitarbeiter die Chance, sich selbstkritisch mit seinen Leistungen und seinem Verhalten auseinanderzusetzen.

Tendenz zur Strenge Hat der Vorgesetzte in der Vergangenheit selbst zu strenge Beurteilungen erhalten, ist er sehr kritisch veranlagt oder fordert er von sich selbst oder von anderen zu viel, verschiebt sich die Beurteilung von Mitarbeitern deutlich in den negativen Bereich.

Vorurteile stellen Denkblockaden in Form fest verankerter Vorstellungen dar, die von einer bestimmten Person bestehen – ausgehend von persönlicher Sympathie oder Antipathie, von Übereinstimmungen im privaten Bereich, von Erinnerungen an andere Personen u.Ä. Sie dienen als vereinfachendes Orientierungssystem. Da Vorurteile im Regelfall weder kontrolliert noch korrigiert werden, erschweren oder vereiteln sie die angemessene Einschätzung von Mitarbeitern. Dass diese oft auf falschen Verallgemeinerungen beruhenden Denkschablonen Sie auf einen Irrweg gebracht haben, bemerken Sie erst, wenn Sie genauere Informationen über den Mitarbeiter besitzen. Sicher haben auch Sie sich schon dabei ertappt, dass Sie einen Menschen über eine längere Zeit hinweg falsch beurteilt haben und schließlich zugeben mussten: „Dass er so tüchtig ist, konnte ich ihm nicht ansehen" oder „Dass er so etwas tun kann, habe ich ihm nicht zugetraut". **Vorurteile**

Während sich ein Vorurteil vornehmlich auf einen einzelnen Menschen bezieht, werden mit einem sozialen Stereotyp ganze Menschengruppen („die Lehrlinge", „die Frauen", „die Gastarbeiter", „die Akademiker") belegt. Wie Sie sich denken können, beeinflussen auch diese Zuschreibungen das objektive Beurteilungsvermögen. **Soziale Stereotype**

Eine sich selbst erfüllende Prophezeiung wirkt gleichzeitig als Erwartung, an die sich der Beurteilte anpasst. Können Sie die Bedingungen für das Eintreffen Ihrer Vorhersage schaffen, werden Sie durch das Verhalten des Mitarbeiters bestätigt. Schätzen Sie beispielsweise Ihren Mitarbeiter X als besonders entwicklungsfähig und förderungswürdig ein, erhält dieser vermutlich anspruchsvollere, interessantere, herausfordernde Zusatzaufgaben als Mitarbeiter Y, der kritisch ist und gelegentlich nörgelnd auftritt und den Sie deshalb als eher schwierigen Menschen eingestuft haben. Durch die ihn fordernde Aufgabe ist Mitarbeiter X besonders motiviert, sodass **Sich selbst erfüllende Prophezeiungen** er die zusätzlichen Aufgaben mit Bravour erledigt. Hierdurch sehen Sie sich wiederum in Ihrer ursprünglichen Beurteilung bestätigt und sonnen sich in dem Bewusstsein Ihrer „guten Menschenkenntnis". Lesen Sie hierzu im Exkurs auf S. 184 über den Pygmalion-Effekt.

Projektion Unbewusst überträgt der Vorgesetzte eigene Fähigkeiten, Absichten, Wünsche, Eigenschaften, Stärken oder Schwächen auf seine Mitarbeiter. Ist er zum Beispiel nachtragend und/oder misstrauisch, wird er in verstärktem Maße auch dem Mitarbeiter diese Eigenschaften beimessen.

Halo-Effekt Der sogenannte Halo-Effekt (griech: halos = Lichthof/Hof des Mondes) bewirkt, dass ein Persönlichkeitsmerkmal, eine bestimmte Verhaltensweise, ein besonderes Ereignis, bekannte Tatsachen oder ein vorgefasstes Gesamturteil in den Augen des Vorgesetzten alles andere überstrahlt und damit eine zutreffende Einschätzung beeinflusst. Wird beispielsweise ein Mitarbeiter als besonders intelligent eingeschätzt, bewertet der Vorgesetzte häufig auch andere Eigenschaften des Mitarbeiters positiv.

Hierarchie-Effekt Erstaunlicherweise werden Mitarbeiter regelmäßig umso fähiger, leistungsstärker und kompetenter angesehen, je höher sie in der betrieblichen Hierarchie angesiedelt sind. Merkmale wie Verantwortungsbewusstsein, Entschlussfähigkeit und Befähigung werden vom Vorgesetzten bei einem Mitarbeiter auf den oberen Stufen der Karriereleiter positiver bewertet, als bei einem auf den unteren Stufen.

Pseudologische Fehler Nahezu jeder unterliegt hin und wieder der irrtümlichen Annahme, dass bestimmte Merkmale logisch zusammenhängen. Solche „untrüglichen Zeichen" werden wie folgt interpretiert:

■ Fehlender Blickkontakt signalisiert, dass der Mitarbeiter unaufrichtig ist und etwas zu verbergen hat.

■ Körperliche Fülle zeigt Gemütlichkeit und Nachgiebigkeit, aber auch Faulheit und Bequemlichkeit an.

■ Ein fester Händedruck lässt Entschlossenheit erwarten.

■ Nachlässige Kleidung ist ein Indiz für ein phlegmatisches Temperament.

Untersuchungen ergaben, dass solche Attribute für eine gewissenhafte Beurteilung wegen ihrer hohen Fehlerquote nicht herangezogen werden sollten.

Eigene frühere oder von anderen Vorgesetzten abgegebene Beurteilungen werden fortgeschrieben, da die Meinung vertreten wird, in der Zeitspanne seit dem letzten Beurteilungstermin hätten sich keine wesentlichen Veränderungen ergeben. Oft bleiben auch solche Leistungssteigerungen unberücksichtigt, die von einem seit längerer Zeit nicht beförderten Mitarbeiter gezeigt werden. Der Vorgesetzte „klebt" am bisherigen Karriereverlauf des Mitarbeiters.

Korrekturfehler/ Kleber-Effekt

Mit der Beurteilung soll ein gewünschtes Ergebnis erzielt werden. So wird ein leistungsschwacher oder kritisch eingestellter oder aus sonstigen Gründen „schwieriger" Mitarbeiter „weggelobt", während ein qualifizierter Mitarbeiter eine eher durchschnittliche Beurteilung erfährt, um ihn im eigenen Bereich zu halten. Er ist dann eben „noch nicht ganz reif für anspruchsvollere Aufgaben". Gelegentlich mögen auch persönliche Zukunftsstrategien der Grund für eine positive Beurteilung sein („Eine Hand wäscht die andere").

Beurteilungen als „Mittel zum Zweck"

Das Erkennen eines Beurteilungsfehlers oder einer Verfälschungstendenz stellt bereits den ersten Schritt zu seiner Abschaffung dar.

25. Sie wissen nicht, wie ein professionelles Vorstellungsgespräch zu führen ist

Nachdem der Einstellungsbedarf publik gemacht wurde, analysiert die Personalabteilung die eingetroffenen Bewerbungsunterlagen und leitet Ihnen als Fachvorgesetztem zumindest die in die engere Auswahl gelangten Bewerbungen zu. Anschließend kommt es zu Vorstellungsgesprächen. Sie erhoffen sich während dieser Gespräche möglichst schlüssige Antworten auf Fragen wie:

- Welchen Eindruck vermittelt der Bewerber von sich?
- Besitzt er vielfältige berufliche Kenntnisse und Fähigkeiten?
- Verfügt er über wichtige Persönlichkeitsmerkmale?
- Lassen sich offene Punkte oder Schwachpunkte aus den Bewerbungsunterlagen zufriedenstellend klären?
- Passt die „persönliche Chemie"? Wird er sich schnell in das Team integrieren?
- Ist er motiviert?
- Können die Erwartungen des Bewerbers mittelfristig erfüllt werden?

Unterschätzen Sie also nicht die zentrale Bedeutung von Vorstellungsgesprächen. Damit Ihre Vorstellungsgespräche zur Einstellung des „passenden" Mitarbeiters führen, gehen Sie schrittweise vor:

Vorbereitung

Sie stellen spätestens jetzt (besser noch zu Beginn Ihrer Mitarbeitersuche) ein Anforderungsprofil auf, welches sowohl fachliche (z.B. Berufsausbildung, Berufserfahrung, Zusatzkenntnisse) als auch persönliche Anforderungen (z.B. flexibler Arbeitseinsatz, Arbeitsverhalten) ausweist. Hierbei berücksichtigen Sie sowohl die aktuellen als auch absehbare künftige Anforderungen. Unterteilen Sie nach MUSS- und SOLL-Anforderungen. Werden MUSS-Kriterien nicht erfüllt, führt dies zum sofortigen Ausschluss. SOLL-Anforderungen lassen sich jedoch durch besonders bedeutungsvolle andere Punkte ausgleichen.

Anforderungsprofil aufstellen

Sie notieren die Fragen, die für Ihre Einstellungsentscheidung wichtig sind. Ihr Gesprächsleitfaden kann sich auf die Komplexe

Gesprächsleitfaden erstellen

- persönliche, familiäre, gesellschaftliche Situation (Fragen müssen in Zusammenhang mit dem vakanten Arbeitsplatz stehen),
- Bildungsweg,
- frühere Arbeitsverhältnisse,
- fachliche Kompetenz,
- Motivation,
- Selbsteinschätzung,
- arbeitsvertragliche Einzelheiten beziehen.

Stellen Sie allen Bewerbern nach dem ausgearbeiteten Gesprächsleitfaden die gleichen Fragen, entfällt eine Ungleichbehandlung, die Gesprächsergebnisse lassen sich besser vergleichen und Sie vermeiden Entscheidungen aus dem Bauch heraus.

Sie überlegen sich Fragen zu konkreten Szenarien, mit denen der Bewerber künftig konfrontiert werden könnte: „Angenommen, ein Kunde würde ...?", „Wie würden Sie reagieren ...?", „Worauf achten Sie ...?". Die Bewerberantworten vermitteln Informationen über die Arbeitsweise Ihres Gegenübers und geben Ihnen Hinweise, wie er in kritischen Arbeitssituationen reagieren wird.

Durchführung

Schwachpunkte vorher notieren Sie gehen unmittelbar vor Gesprächsbeginn noch einmal die Bewerbungsunterlagen durch und notieren erkannte Schwachpunkte (z.B. Widersprüchliches, Lücken, Unklarheiten), die Sie zur Sprache bringen wollen.

Gespräch steuern Sie lassen sich vom Bewerber die Gesprächsführung nicht aus der Hand nehmen, sondern steuern das Gespräch, indem Sie dem Bewerber gezielt offene Fragen (sog. W-Fragen: weshalb, wieso ...?) stellen. Diese Fragen animieren selbst zurückhaltende Bewerber zum Reden. Unzulässig sind z.B. Fragen nach verjährten oder getilgten Vorstrafen, nach Gewerkschafts-, Partei- oder Konfessionszugehörigkeit, nach Vermögensverhältnissen, ausgeheilten Krankheiten, zur Familienplanung oder nach einer bestehenden Schwangerschaft.

Bewerber reden lassen Sie selbst sprechen nur 10 bis 20 Prozent der Zeit und überlassen dem Bewerber den Löwenanteil der Gesprächsdauer für seine Ausführungen.

Fünf Phasen des Gesprächs

Sie bauen das Gespräch in fünf Phasen auf:

1. Gesprächsbeginn

Sie beginnen mit einer kurzen Aufwärmphase (z.B. Bemerkung über Anreise, Verkehr, Wetter), damit sich der Bewerber lockern kann. Lassen Sie ihn danach kurz seinen Lebenslauf schildern, um einen Eindruck zu erhalten, wie der Bewerber wurde, was er ist. Hier kommt es nicht auf die bereits im Lebenslauf aufgeführten Fakten an, sondern auf die Fähigkeit des Bewerbers, sich wirkungsvoll zu „verkaufen".

2. Prüfen der fachlichen und persönlichen Eignung
Widmen Sie der Eignungsprognose einen großen Zeitanteil. Schließlich wollen Sie keinen neuen Mitarbeiter „einkaufen", der über Eignungsdefizite verfügt, sondern der längerfristig fachlich fundiert und mit Erfolg für Sie tätig werden soll.

3. Darstellung des Unternehmens und der zu besetzenden Stelle
Ein „schwacher" Kandidat wird diese Phase kaum erleben. Sie geben diese Informationen nur dann, wenn die Vorstellung bislang positiv zu bewerten ist. Spätestens jetzt wird ein gut vorbereiteter Bewerber einige Fragen an Sie richten, die ihn besonders interessieren. Verschweigen oder beschönigen Sie mögliche Probleme nicht. Glaubt der Bewerber später, den Arbeitsvertrag unter falschen Voraussetzungen unterschrieben zu haben, springt er eher wieder ab.

4. Besprechen vertraglicher Einzelheiten
Sie besprechen mit dem Bewerber arbeitsvertragliche Regelungen, wenn er sich nach Ihren Erkenntnissen noch weiter im Rennen befindet.

5. Gesprächsabschluss
Selten werden Sie sofort eine Zu- oder Absage erteilen. Einerseits wollen Sie die gewonnenen Eindrücke überschlafen, andererseits stehen vielleicht noch weitere Gespräche mit anderen Bewerbern aus. Verabschieden Sie den Bewerber mit dem Hinweis auf eine baldige Entscheidung und mit einem Dankeswort für sein Mitwirken.

Auswertung

Ihre Erkenntnisse aus den Bewerbungsunterlagen und dem Vorstellungsgespräch übertragen Sie in eine in einfacher Form aufzustellende Matrix. Die auf der Grundlage des Anforderungsprofils fixierten Merkmale werden von Ihnen mit Punkten und Gewichtungen angereichert. Hier ein Beispiel aus dem Buchhandel:

MUSS-Anforderungen	Punkte	Gewichtung	Ergebnis
a) Berufsausbildung Buchhändler – Sortiment (Benotung Gehilfenbrief)	4		4
b) mindestens 3 Jahre Berufspraxis – Schwerpunkt Belletristik (Benotung Arbeitszeugnisse)	4	2	8
c) Fortbildung Verkaufskunde (Umfang/Intensität)	2		2
d) ausgeprägte Kundenorientierung	4	3	12
e) gute Kontakt- und Kommunikationsfähigkeit	4	2	8
SOLL-Anforderungen			
a) gute MS-Office-Kenntnisse (Word, Excel, Outlook)	2	2	4
b) ansprechendes Erscheinungsbild	3		3
c) gute Umgangsformen	4		4
d) Fortbildung Warenpräsentation	0		0
e) Teamfähigkeit	4	2	8

5 Punkte entsprechen der Schulnote 1; 4 der Note 2; 3 der Note 3; 2 der Note 4 usw. Bei unabdingbaren Kriterien setzen Sie den Gewichtungsfaktor 3 und bei sehr wichtigen Punkten den Multiplikator 2 ein.

Gesamteindruck hinzuziehen   Um Ihnen die erforderliche Sicherheit bei der zu treffenden Einstellungsentscheidung zu geben, beziehen Sie zusätzlich zu dem Ergebnis der Matrix Ihren Gesamteindruck ein:

- War das Bewerberverhalten „stimmig"?
- Erscheint Ihnen eine mehrjährige erfolgreiche Zusammenarbeit mit dem Bewerber möglich?
- Was signalisiert Ihr „Bauchgefühl"?

Auf den Punkt gebracht
Da Mitarbeiter die wichtigste Ressource eines Unternehmens sind, kommt der Suche und Auswahl neuer Mitarbeiter ein hoher Stellenwert zu. Überlassen Sie nichts Ihrem Improvisationstalent, sondern bereiten Sie sich gewissenhaft auf das Vorstellungsgespräch vor. Ein fünfphasiger Gesprächsverlauf führt ohne Umwege stromlinienförmig auf die Vorentscheidung hin, ob der Bewerber für eine Einstellung in Betracht kommt. Mit einer Matrix ermitteln Sie, welcher Bewerber in größtem Maße die Muss- und Soll-Anforderungen erfüllt und eingestellt werden sollte.

26. Sie verzichten auf eine gezielte Einführung neuer Mitarbeiter

Sie sollten der gezielten und schnellen Einführung neuer Mitarbeiter aus ureigenem Interesse positiv gegenüberstehen: Arbeitet der neue Mitarbeiter bald erfolgreich in seinem neuen Wirkungsfeld, werden die Erfolge des Mitarbeiters auch zwangsläufig zu Ihren Erfolgen und zu Erfolgen des Unternehmens!

Ein gut durchdachtes Einführungsprogramm

Hilfreiches Einführungsprogramm

- bewirkt eine positive Einstellung des Neulings zum neuen Arbeitgeber und schafft Bindung an das Unternehmen und das Arbeitsumfeld,
- verhindert unnötige Reibungsverluste und wirkt einer Frühfluktuation entgegen,
- strafft die Einführungszeit,

- fördert das Interesse des Neulings an dem ihm zugedachten Aufgabenbereich,
- steigert Arbeitszufriedenheit und Arbeitsmoral,
- ermöglicht eine fruchtbare Zusammenarbeit der Beteiligten,
- vermittelt dem neuen Mitarbeiter alle Informationen, die er benötigt, um in der neuen Umgebung schnell heimisch und produktiv tätig zu werden.

Maßgeschneidertes Einführungsprogramm

Aus den nachstehenden Punkten können Sie die Ihnen wichtig erscheinenden Aspekte für ein maßgeschneidertes Einführungsprogramm unter Berücksichtigung der betrieblichen Situation und der verschiedenartigen Mitarbeiterkategorien auswählen.

1. Vorbereiten auf den neuen Mitarbeiter

- Bewerbungsunterlagen und Informationen aus dem Vorstellungsgespräch hinsichtlich Ausbildung und Berufserfahrung auswerten (Feststellen des IST)
- Stellenbeschreibung oder entsprechende Unterlagen bereitlegen (Feststellen des SOLL)
- Prüfen, ob neben der Einführung auch eine Unterweisung vorzusehen ist
- Arbeitsplatz vorbereiten
- Arbeitsgruppe auf den neuen Mitarbeiter vorbereiten
- Paten auswählen und einweisen
- Einschalten weiterer Personen, die für die Einführung bedeutsam sind (z.B. nächsthöherer Vorgesetzter, IT-Beauftragter, Betriebsarzt, Vertrauensmann der Schwerbehinderten, Fachkraft für Arbeitssicherheit, Arbeitsvorbereiter, Übersetzer)

2. Begrüßen des neuen Mitarbeiters

- Neuen Mitarbeiter in Empfang nehmen
- Begrüßungsgespräch führen

- Schriftliches Informationsmaterial aushändigen
- Paten vorstellen
- Rundgang durch den Betrieb/die Abteilung
- Über Arbeitsgruppe informieren
- Arbeitsplatz übergeben

3. Allgemeine Informationen geben

- Arbeitsentlohnung
- Sicherheitsvorschriften
- Soziale Einrichtungen und Leistungen
- Interne Regelungen
- Betriebliche Räumlichkeiten
- Verhältnisse am Ort des Betriebes

4. Einweisen in die Arbeitsaufgaben

- Aufgaben, Kompetenzen, Verantwortung besprechen
- Erforderliche Hilfsmittel vorstellen
- Mögliche Fehlerquellen und Schwierigkeiten aufzeigen
- Bedeutung des Arbeitsplatzes für den Betrieb herausstellen
- In die Organisationsstruktur des Betriebes und der Abteilung einführen
- Unternehmensphilosophie sowie betriebliche Ziele verdeutlichen
- Entwicklungsmöglichkeiten im Unternehmen aufzeigen
- Betriebliches Vorschlagswesen erläutern

5. Unterweisen am Arbeitsplatz

- Unterweisungsplan aufstellen
- Unterweisung durchführen

6. Fortschrittskontrolle

- Fachliche Einarbeitung
- Soziale Eingliederung

Überlegen Sie auch, welche Punkte von Ihnen selbst wahrzunehmen sind und welche Sie an andere delegieren können.

Auf den Punkt gebracht
Betrachten Sie eine gezielte Einführung neuer Mitarbeiter nicht als eine umständliche und Kosten verursachende Prozedur. Der scheinbar „übertriebene Aufwand" lohnt sich. Denn er ist der erste und wichtigste Schritt zur schnellen und erfolgreichen Integration des Neulings. So sorgen Sie dafür, dass sich der Neue in Ihrem Zuständigkeitsbereich bald heimisch fühlt, sich schnell mit dem Unternehmen identifiziert und seinen Aufgaben voll gerecht wird.

27. Sie fühlen sich unwohl, eine betriebsbedingte Kündigung zu übermitteln

Wird Ihnen die Aufgabe übertragen, eine betriebsbedingte Kündigung zu übermitteln und das Kündigungsschreiben auszuhändigen, haben Sie als Überbringer der Nachricht emotionalen Stress. Neben der eigenen Betroffenheit wird von Vorgesetzten häufig auch der „Argumentations-Notstand" (Wie vermittle ich die Nachricht? Wie ist sie zu begründen?) als sehr belastend beschrieben. Denn mit einer betriebsbedingten Kündigung wird tief in das Schicksal eines Menschen (und seiner Familie) eingeschnitten, was beim Betroffenen häufig ein Gefühlschaos auslöst. Verhaltensweisen wie Schock, Erstarrung, Verdrängung der Realität oder Sprachlosigkeit münden zumeist in die verständnislose Frage „Weshalb gerade ich?"

Trennungsgespräch
Ihre Hilfestellung ist gefragt, damit der Gekündigte möglichst erst gar nicht in eine Jammerphase fällt, in der er sich

wertlos, hoffnungslos und frustriert fühlt. Mit einem fairen Trennungsgespräch sollten Sie mehrere Zielrichtungen verfolgen:

- Die Kündigung sollte möglichst nicht zu Verletzungen der Persönlichkeit des Gekündigten führen. Wenig zielführend wäre es, verhaltensbedingte Anschuldigungen, Vorwürfe oder Hinweise zur Erkrankungshäufigkeit als Begründung vorzubringen. **Ziele**
- Der Gekündigte soll animiert werden, schnell sein Gefühlschaos hinter sich zu lassen, die Kündigung als unabänderliche Tatsache zu akzeptieren und sich neu zu orientieren.
- Ein „Blick zurück im Zorn" des Gekündigten und daraus resultierend eine Beeinträchtigung des Erscheinungsbilds des Unternehmens in der Öffentlichkeit sollte vermieden werden.
- Durch eine sachliche, dennoch wertschätzende und in die Zukunft gerichtete Gesprächsführung wird auch Ihr emotionaler Druck verringert.
- Verbleibende Mitarbeiter sollen erkennen, dass sie im Falle einer Kündigung von ihren Vorgesetzten nicht „im Regen stehen gelassen" werden.

Um diesen Zielvorstellungen eher gerecht werden zu können, sollten Sie vor dem Trennungsgespräch mit den zuständigen Stellen Ihres Unternehmens einige wesentliche Punkte erörtern, um ein „Trennungspaket" schnüren zu können (mehr dazu lesen Sie unter dem folgenden Punkt 4). Ferner sollten Sie sich dazu zwingen, ein Mitjammern zu vermeiden, mit dem sie den Mitarbeiter in seiner negativen Sicht nur bestärken. Vielmehr gilt es, Ruhe zu bewahren, Bedenken zu zerstreuen, Zuversicht zu verbreiten, Perspektiven aufzuzeigen und einen positiven Blick in die Zukunft zu ermöglichen. **Neuorientierung erleichtern**

> Im Idealfall sollte der Mitarbeiter erkennen, dass die Entscheidung endgültig ist, die erforderliche Neuorientierung eine zu bewältigende Herausforderung darstellt und es nun heißt: Auf zu neuen Ufern!

5 Schritte des Trennungsgesprächs

Idealerweise sollte das Trennungsgespräch aus fünf Schritten bestehen:

1. Kündigungsentscheidung sofort mitteilen

Je länger Sie um den heißen Brei herumreden, desto unangenehmer wird die Situation für die Beteiligten. Oft weiß der Mitarbeiter schon aus der Gerüchteküche, dass „etwas im Busch ist", sodass Ihr Herumdrucksen wenig Souveränität erkennen lässt.

2. Entscheidung erläutern

Sie verdeutlichen dem Mitarbeiter den Kündigungsgrund, ohne sich zu rechtfertigen. Indem Sie die Endgültigkeit der Entscheidung herausstellen, schaffen Sie Fakten. Es wäre unredlich, unbegründete oder falsche Hoffnungen zu wecken, wenn sich das Unternehmen zu dem gravierenden Kündigungsschritt entschlossen hat (z.B. „Ich will versuchen, für Sie ein gutes Wort einzulegen ...", „Vielleicht gelingt es doch noch ..."). Besser sind klare Aussagen:

„Herr X, nehmen Sie bitte Platz. Ich muss Ihnen eine wichtige Information geben. Die Geschäftsleitung hat sich entschlossen, Ihr Arbeitsverhältnis zum xx zu kündigen. Wie Sie wissen, hatten wir in den letzten Wochen Fachleute der Wirtschaftsberatung xx im Haus, die in ihrem Gutachten unserer Geschäftsleitung dringend empfohlen haben, sich auf die Kernkompetenzen zurückzuziehen. Durch Outsourcing sollen nun diverse Stellen fortfallen. Da Personalwirtschaftsmaßnahmen wie Umsetzung und Vorruhestand für den Stellenabbau nicht

genügen, kommt es nun zu betriebsbedingten Kündigungen.
Auch unter Berücksichtigung sozialer Aspekte muss Ihnen da-
her nach Beteiligung des Betriebsrats die Kündigung ausgespro-
chen werden."

Juristisch ist eine Begründung der Kündigung in aller Regel
entbehrlich. Sie muss aber gegenüber einem auf Information
drängenden Betriebs-/Personalrat bzw. dem Arbeitsgericht
angegeben werden. Der Arbeitgeberseite bleibt es überlassen,
ob sie bereits bei Aushändigung der Kündigung nähere Informationen über den Kündigungsgrund gibt.

3. Reaktionen des Mitarbeiters nicht „abwürgen"

Zu dem wertschätzenden Umgang mit dem Gekündigten
zählt auch, Verständnis für mögliche Enttäuschun-
gen/Frustrationen des Mitarbeiters zu zeigen. Dass Sie ihm
zuhören und seine Reaktionen ernst nehmen, gehört zum
„guten Ton". Verfehlt wäre es, mit dem Mitarbeiter über die
sachlichen Kündigungsaspekte zu diskutieren, zu streiten
oder diese zu verteidigen.

4. „Trennungspaket" aufschnüren

Hier werden – evtl. gemeinsam mit einem Vertreter der Personalabteilung – jene Punkte erörtert, mit denen das Unternehmen dem Gekündigten Hilfe bei der Bewältigung seiner
Krisensituation anbieten kann, so zum Beispiel

- Sozialplan
- Abfindungen
- Outplacement-Aktivitäten (Hierunter fallen die vom Unternehmen finanzierten Dienstleistungen für ausschei-
  dende Mitarbeiter, die als professionelle Hilfe zur beruflichen Neuorientierung angeboten werden und bis zum
  Abschluss eines neuen Arbeitsvertrages oder einer Exi-
  stenzgründung führen können.)
- Arbeitszeugnis (Zwar soll das dem Mitarbeiter zustehen-
  de qualifizierte Zwischen-/Arbeitszeugnis nach einem

Urteil des Bundesgerichtshofs wahr sein. Dennoch sollte Ihre Fürsorgeverpflichtung gegenüber Ihrem Mitarbeiter ein wohlwollendes Zeugnis einschließen. Sie sollten hier keine Skrupel haben, ein Auge etwas zuzudrücken und mit Ihren positiven Wertungen dem Gekündigten die Suche nach einem neuen Arbeitsplatz erleichtern.)

■ Praktische Hilfe (Vielleicht sind Ihnen über Ihr persönliches Netzwerk freie Arbeitsplätze bekannt, für die Ihr Mitarbeiter in Betracht kommen könnte? Sie könnten Ihrem Mitarbeiter anbieten, aus der Position eines neutralen Beobachters die Bewerbungsunterlagen auf Unzulänglichkeiten zu überprüfen.)

■ Freistellung (Will der Arbeitgeber vermeiden, dass der gekündigte Mitarbeiter wichtige Daten und Informationen mitnimmt und an Wettbewerber weiterreicht oder ab sofort den Arbeitsfrieden zu stören beginnt, stellt er den Arbeitgeber mit der Aushändigung des Kündigungsschreibens frei. Der Mitarbeiter muss nicht mehr zur Arbeit erscheinen und erhält dennoch bis zum letzten Tag des Arbeitsverhältnisses ohne Gegenleistung seine Bezüge.)

Ihre Angebote aus dem „Trennungspaket" sollen beim Betroffenen dazu führen, die Phase des Jammerns und Lamentierens möglichst schnell zu überspringen und den Blick in die Zukunft zu richten.

5. Empfang des Kündigungsschreibens bestätigen lassen

Die Kündigung des Arbeitsverhältnisses stellt eine einseitige empfangsbedürftige Willenserklärung dar, die zu ihrer Wirksamkeit der Schriftform bedarf. Deshalb muss der Empfang des Kündigungsschreibens per Unterschrift bestätigt werden. Weigert sich der Mitarbeiter zur Entgegennahme des Kündigungsschreibens bzw. zur Empfangsbestätigung per Unterschrift, ist die Übergabe des Schreibens unter Anwesenheit eines Zeugen zulässig. In diesem Fall sollte der Zeuge den Inhalt des Schreibens kennen und mit

einem Vermerk auf der Mehrausfertigung für die Personal-
akte niederlegen, dass er zu einer bestimmten Zeit an einem
bestimmten Ort bei der Übergabe des Originalkündigungs-
schreibens anwesend war. Mit Ihrer Unterschrift bestätigen
Sie den gesamten Vorgang.

Auf den Punkt gebracht

Selbst wenn der Mitarbeiter während des Trennungsgesprächs Un-
erfreuliches von sich gibt, sollten Sie ihm mildernde Umstände zugestehen und seine Äußerungen nicht persönlich nehmen. Signalisieren Sie besser durchgehend Ihre Wertschätzung für den Mitarbeiter. Gelingt es Ihnen darüber hinaus, den Gekündigten aus der
„Jammerecke" herauszuholen und gemeinsam mit ihm Anregungen für sein weiteres Vorgehen zu erörtern, trägt das nicht nur
Früchte für den Mitarbeiter. Auch Sie können zu Recht über dieses
Ergebnis stolz sein: Sie haben eine der heikelsten Gesprächssitua-
tionen bravourös überstanden, vor der viele Führungskräfte Angst
haben und sich extrem überfordert fühlen.

Teil 2
Auf Stolpersteine der Mitarbeiter reagieren

28. Mitarbeiter wollen ausloten, wie weit sie bei Ihnen gehen können

Vermutlich liegt es in der Natur des Menschen, Grenzerfahrungen machen zu wollen, um zu wissen, wie weit man gehen kann. Bei Kleinkindern lässt sich dies gut beobachten, aber auch bei Mitarbeitern, die beim neuen Vorgesetzten ihre Einflusssphäre ausdehnen wollen. Lassen Sie einen Mitarbeiter ohne Gegenwehr gewähren, wird er auf Ihre Kosten expandieren. Ihre überlegte, prompte, entschiedene und eindeutige Reaktion wird ihm hingegen die Lust auf weitere Expansionsversuche nehmen. Auf jeden Fall ist es einfacher und weniger mühevoll, eine entschiedene erste Reaktion zu zeigen, als später ein eventuell schon aufgegebenes Terrain wieder zurückzuerobern.

Ein Blick in das Betriebsgeschehen soll diese grundsätzlichen Aussagen verdeutlichen: Als Chef überwachen Sie die Einhaltung geltender Bestimmungen und das Befolgen von Anweisungen. Befürchten Sie nicht, als kleinlich eingestuft zu werden, wenn Sie bereits bei der ersten Nachlässigkeit Kritik üben. Würden Sie von Beginn der Zusammenarbeit an aus dem Bedürfnis nach Popularität und Beliebtheit großzügig über Fehlverhalten hinwegsehen, Nachsicht zeigen und aus der Nichtbeachtung keine „erzieherischen Maßnahmen" initiieren, empfänden Ihre neuen Mitarbeitern dies zunächst als angenehm. Bald jedoch würde die fehlende Konsequenz und Durchsetzungskraft in Verachtung umschlagen. Ihre Mitarbeiter würden eigenmächtige Änderungen vornehmen und Vorschriften sowie Anweisungen nicht mehr ernst nehmen, Ihre Aufträge würden an Gewicht verlieren und die Arbeitsdisziplin wäre nachhaltig untergraben.

Was geduldet wird, wird bald zum üblichen Standard.

Auf den Punkt gebracht
Vermeiden Sie Nachgiebigkeit, bleiben Sie konsequent und wehren Sie den Anfängen in einer ruhigen, sachlichen, bestimmten und höflichen Form. Schon nach kurzer Zeit wissen Ihre Mitarbeiter ganz genau, woran sie mit Ihnen sind.

29. Mitarbeiter wollen sich bei Ihnen anbiedern

Jeder Mensch braucht einen persönlichen Raum: Es ist uns unangenehm, wenn man uns körperlich oder mit Worten „auf den Pelz" rückt. Die meisten Mitarbeiter sind sich dessen bewusst und achten darauf, ihrem neuen Vorgesetzten nicht zu nahe zu treten. Dennoch ist die folgend beschriebene Situation nicht auszuschließen:

Spätestens während des obligatorischen Empfangs oder des üblichen Einstands anlässlich der Übernahme Ihres Funktionsbereichs (für Sie als Chef ist dies kein geselliger und feucht-fröhlicher Auftritt, bei dem Sie Ihre Trinkfestigkeit beweisen können, sondern ein beruflicher Anlass!) bemerken Sie gezielt vorgetragene, gelegentlich recht plumpe An-

Verbrüderungsszenen vermeiden

biederungsversuche von Mitarbeitern. Vorsicht ist angesagt, wenn Ihnen nach dem ersten Glas von einem Mitarbeiter das „Du" angeboten wird, es sei denn, das Duzen stellt eine allseits akzeptierte Gepflogenheit in der neuen Arbeitsumgebung dar. Spätestens jetzt sollten Sie sich im Klaren sein, welches Verhältnis Sie zu Ihren Mitarbeitern aufbauen wollen.

Aber seien Sie vorsichtig: Verbrüdern Sie sich mit Ihren Mitarbeitern, begeben Sie sich in ihre Hände. Anschließend dürfen Sie sich nicht wundern, wenn die Mitarbeiter fortan Respekt und Achtung vermissen lassen. Signalisieren Sie jedoch Unnahbarkeit, wird Ihnen die so bedeutungsvolle persönliche Autorität nicht zuerkannt.

Die eben geschilderten Extrempositionen sind abzulehnen. Ein Mittelweg im sozialen Umgang scheint die ideale Lösung, die der Philosoph Arthur Schopenhauer in seiner Fabel „Die Stachelschweine" beschreibt und die folgend sinngemäß dargestellt wird:

Ideal der gedeihlichen Distanz
Eine Herde Stachelschweine zog frierend bei klirrendem Frost und eisigem Sturm umher, bis eines der Stachelschweine einen Höhleneingang entdeckte und nach Zuruf alle Herdenangehörigen flugs den Schutz der Höhle aufsuchten. Aber sie bemerkten sogleich, dass die Höhle auf der dem Eingang entgegengesetzten Seite einen Ausgang aufwies, sodass es in der Höhle sehr zog. Sie drängten sich deshalb ganz eng aneinander, um der kalten Zugluft nur eine geringe Angriffsfläche zu bieten und sich gegenseitig zu wärmen. Aber sogleich sprangen sie auseinander, weil sie sich gegenseitig fürchterlich stachen und Blut zu fließen begann. Nun nahmen sie einen großen Abstand zueinander ein. Jetzt hatte der Wind leichtes Spiel, durch die Höhle zu fegen und alle Stachelschweine auszukühlen. Das dauerte einige Zeit, in der

---

alle bibbernd und zähneklappernd dem kalten Wind ausgesetzt waren, bis schließlich ein Verhalten entwickelt wurde, das eine gedeihliche Distanz aufweist: Sich so weit aufeinander zubewegen, dass man dem Wind keine großen Angriffsflächen bietet, sich aber auch nicht gegenseitig sticht!

Auf den Punkt gebracht
Erfahrungsgemäß kommen Menschen im betrieblichen Alltag dann am besten miteinander aus, wenn sie eine „mittlere Distanz" einhalten.

30. Mitarbeiter fühlt sich übergangen, weil Sie ihm „vor die Nase gesetzt" wurden

Nicht jeder Mitarbeiter bricht in Jubel aus, weil Sie die Vorgesetztenstelle übertragen bekommen haben. Fühlt sich einer Ihrer Mitarbeiter übergangen und neidet Ihnen den Chefsessel, bleiben Unstimmigkeiten und Intrigen oft nicht aus. Sobald Sie erste Anzeichen erkennen, dass an Ihrem Stuhl gesägt wird und Ihnen ein Mitarbeiter die Position streitig machen will, übernehmen Sie ohne Wut im Bauch engagiert die Regie. Merken Sie sich zunächst aber zwei, drei Situationen, die den Schluss zulassen, dass der Mitarbeiter Ihnen gegenüber die erforderliche Loyalität vermissen lässt und eine Oppositionsrolle einnimmt. So können Sie im vorzusehenden Gespräch mit konkreten Situationsbeschreibungen aufwarten und bringen sich nicht mit vagen Hinweisen (Beispiele S. 150) in Erklärungsnot. Mit dem Hinweis auf konkrete Sachverhalte kommen Sie sogleich auf den Punkt. Stellen Sie den Mitarbeiter unter vier Augen zur Rede, wobei Sie natürlich die gebotenen zivilisierten Umgangsformen beachten, in der Sache aber sehr bestimmt auftreten sollten. Der Opponent soll erkennen, dass Sie sich nicht die Butter vom Brot nehmen lassen:

„Herr ..., mir sind in den vergangenen zwei Wochen drei Situationen aufgefallen, über die ich mit Ihnen sprechen muss. Und zwar ... Hieraus ergibt sich für mich die Erkenntnis, dass Sie mit der Situation seit meinem Eintreffen nicht glücklich sind. Mit meiner Beförderung traf die Geschäftsleitung eine klare Entscheidung. Die Beweggründe für diese Entscheidung kenne ich nicht – auch hat die Geschäftsleitung diese Entscheidung zu vertreten und nicht ich. Finden Sie sich damit ab, dass ich das Rennen gewonnen habe und nicht bereit bin, mir von Ihnen oder einer anderen Person Steine in den Weg legen zu lassen, die unseren gewünschten gemeinsamen Erfolg beeinträchtigen. Ich biete Ihnen unabhängig von den bisherigen Geschehnissen eine vertrauensvolle Zusammenarbeit an. Zeigen Sie künftig sehr gute Leistungen, werde ich Sie gern bei innerbetrieblichen Stellenausschreibungen unterstützen. Jetzt verlange ich von Ihnen Loyalität und Kooperation, genau wie Sie an meiner Stelle Loyalität und Kooperation von jedem Ihrer Mitarbeiter einfordern würden. Ich stelle mir unsere künftige Zusammenarbeit folgendermaßen vor: ... Wie sehen Sie die Situation?“

Wiederholtes Fehlverhalten sanktionieren

Da dem frustrierten Mitarbeiter in diesem Beispiel ein faires Angebot gemacht wurde, besteht Hoffnung auf eine Situationsverbesserung, sodass sich bei Ihnen der „Stuhlsägekomplex" nicht verfestigen muss. Sollte sich der Mitarbeiter aber nicht kooperativ verhalten, müssen Sie die Konsequenzen ziehen (z.B. Abmahnung, Versetzung, Trennung) beziehungsweise den nächsthöheren Vorgesetzten auf das Fehlverhalten des Mitarbeiters ansprechen. Dem Mitarbeiter sollte auch von dieser Seite signalisiert werden, dass er mit schmerzhaften Sanktionen rechnen muss, wenn er weiter gegen Sie Front macht.

31. Mitarbeiter lehnen Sie ab

Sie erkennen durch das Verhalten Ihrer Mitarbeiter, dass sie eine geschlossene Front gegen Sie gebildet haben. Von zwei Handlungsmöglichkeiten muss an dieser Stelle abgeraten werden:

1. Abwarten und auf Besserung hoffen nach dem Motto „Kommt Zeit – kommt Rat" ist problematisch. Möglicherweise verfestigt sich bei dieser Vogel-Strauß-Politik die geschlossene Front nur noch. Sie haben auch nicht viel Zeit, den Widerstand Ihrer Mitarbeiter abzubauen oder aufzubrechen, denn jeder Vorgesetzte steht permanent unter Erfolgsdruck. **Falsche Reaktion**
2. Den Mitarbeitern das Herz ausschütten und jammern, dass alle gegen Sie sind, birgt die Gefahr, restlos die Achtung der Mitarbeiter zu verlieren und die unverzichtbare persönliche Autorität einzubüßen.

Situation ansprechen

Bringen Sie besser die Situation so wie sie sich aus Ihren Augen darstellt während einer Mitarbeiterbesprechung zur Sprache. Bleiben Sie hierbei sachlich und ruhig und bemühen Sie sich, die von Ihnen beobachteten Vorfälle ohne Schuldzuweisungen darzustellen. Mit dem Vortragen dieser Fakten lassen Sie erkennen, dass Sie das von Ihren Mitarbeitern gezeigte Verhalten sehr wohl zur Kenntnis genommen haben. **Fakten vortragen**

Verwenden Sie bitte keine Formulierungen wie
- „Ich habe das Gefühl ...",
- „Ich werde das Gefühl nicht los ...",
- „Es kommt mir so vor, als ob ...",

sondern legen Sie konkrete Sachverhalte auf den Tisch, die aber nicht als Grundlage für stundenlange Diskussionen dienen sollen. Gleichzeitig weisen Sie darauf hin, dass eine kooperative Zusammenarbeit im Interesse aller Beteiligten unabdingbar ist. Denn:

> Die Mitarbeiter können sich Ihren Chef nicht aussuchen, genau wie viele Chefs sich Ihre Mitarbeiter nicht aussuchen können, sondern mit dem übernommenen Mitarbeiterstamm die betrieblichen Aufgaben realisieren müssen.

Souveränität und Führungsstärke zeigen

Zeigen Sie Souveränität, indem Sie die Mitarbeiter nach den Gründen ihrer Ablehnung fragen. Möglicherweise lassen sich Ärgernisse im Nu ausräumen, wenn Sie die Ihnen bislang verborgenen „Knackpunkte" kennen. Denn es ist doch nicht die Regel, dass Mitarbeiter Kritik an ihrem Vorgesetzten üben.

Entwickeln Sie Ihre Vorstellungen einer künftigen gedeihlichen Zusammenarbeit, wobei Sie in der eher solidarisierenden WIR-Projektion sprechen sollten, keinesfalls zu häufig in der ICH-Projektion.

Wenn Sie von Ihren Mitarbeitern nicht wie ein Chef behandelt werden, liegt das häufig auch daran, dass Sie nicht wie ein Chef auftreten. Stehen Sie also zu Ihren Führungsaufgaben und nehmen Sie diese ohne Abstriche wahr. Dann werden Ihre Mitarbeiter Sie auch eher respektieren. Das bedeutet auch, das erforderliche Maß an Durchsetzungswillen zu zeigen (Seite 50).

Auf den Punkt gebracht
Bitte nicht die Situation ignorieren, sondern mutig mit möglichst eindeutigen Fakten das gesamte Team ansprechen. Dabei sollten Sie die Ausführungen auf den Seiten 83 bis 85 beachten, jedoch keine „kleinen Brötchen backen".

32. Mitarbeiter bilden keine homogene/ harmonierende Arbeitsgruppe

Selbst erfahrene Führungskräfte begehen Fehler, wenn es darum geht, Gruppen qualifiziert zu behandeln. Eine Erklärung hierfür mag sein, dass sich viele Vorgesetzte nur mit der (reichlich diffizilen) Problematik des Führens einzelner Mitarbeiter auseinandersetzen. Sie schenken der Tatsache, dass Vorgesetzte und Mitarbeiter zumeist in Gruppen zusammenarbeiten und von daher zusätzliche Aspekte zu beachten sind, zu geringes Augenmerk.

Ihr Ziel sollte es sein, eine gut integrierte Gruppe zu führen, die geschlossen im Sinne des Unternehmens reagiert und handelt sowie ein positives Gruppenklima aufweist, das wesentliche Grundlage für das Erreichen betrieblicher Ziele ist. Um das zu erreichen, kommen Ihnen zwei Funktionen zu:

Ziele der Gruppenführung

1. Vorwärtsgehen (Lokomotion) = Ihre Antriebsfunktionen zum Erreichen vereinbarter Ziele.
2. Zusammenhalten (Kohäsion) = Ihre Zusammenhaltfunktionen, die der Erhaltung der Zusammenarbeit und der Förderung von Zufriedenheit der Mitarbeiter dienen.

Das Erfordernis einer aufgabenorientierten Führung (Vorwärtsgehen) akzeptiert jede Führungskraft. Weniger Aufmerksamkeit wird dem personenorientierten Aspekt der Führung (Zusammenhalten) zuteil, der ein ausreichendes

Maß an persönlicher Autorität (siehe Seite 32) voraussetzt.

Woran kann die Zusammenarbeit leiden?

Es mag eine Vielzahl von Gründen geben, die dazu geführt haben, dass eine Arbeitsgruppe „nicht richtig läuft". Beschränken wir uns auf die wichtigsten Aspekte, die Behinderungen für eine gedeihliche Gruppenarbeit darstellen können:

1. Die Gruppenmitglieder passen fachlich und menschlich nicht zusammen

Die Gesamtleistung einer Gruppe wächst mit dem Ausmaß des vorhandenen Zusammengehörigkeitsgefühls. Es leuchtet ein, dass sich dieses „Wir-Gefühl" umso schneller entwickelt, je besser die Gruppenmitglieder zusammenpassen. Die bisweilen zu hörende Bemerkung, dass „sich die Leute doch zusammenraufen sollen", lässt eine sträfliche Gleichgültigkeit erkennen. Bei dieser Einstellung werden anfängliche Probleme billigend in Kauf genommen, die zum Teil durch vorbeugende und vorausschauende Überlegungen vermeidbar wären.

Sie sollten bei der personellen Zusammensetzung einer Arbeitsgruppe folgende Aspekte berücksichtigen:
- Individuelles Know-how
  (Fähigkeiten und Fertigkeiten = das Können)
- Leistungsbereitschaft
  (Motivation = das Wollen)
- Gegenseitige Einstellungen
  (zwischenmenschliche Beziehungen = wie stehen die Mitarbeiter zueinander?)
- Geschlecht
- Alter
  (eine „gesunde Mischung" wäre vorteilhaft, weil die Kombination jüngerer und älterer Mitarbeiter eine Ergänzung der Leistungsfähigkeit und der Stärken sowie einen Ausgleich vorhandener Schwächen ermöglicht – siehe Seite 35).

2. Die Gruppengröße ist nicht mehr überschaubar

Die Gruppengröße hat wesentlichen Einfluss auf Kontakt, Kommunikation und Kooperation, aber auch auf Fragen des Führungsstils und des Arbeitsprogramms. Je größer eine Arbeitsgruppe ist, umso häufiger bilden sich Cliquen, umso geringer ist die Kommunikation zwischen sämtlichen Mitgliedern der Gruppe. Auch stellt sich die Frage, wie viele Mitarbeiter ein Vorgesetzter als formeller Führer überhaupt „verkraften" kann („Leitungsspanne"). Je leichter die von Mitarbeitern auszuführenden Arbeiten sind, je mehr Mitarbeiter kann ein Vorgesetzter führen.

Während bei Serienfertigung am Fließband ein Vorgesetzter durchaus 15 oder 20 Mitarbeiter führen kann, sind bei Bürotätigkeiten anspruchsvoller Qualität 5 bis 7 Mitarbeiter anzusetzen. Ergebnisse sozialpsychologischer Untersuchungen zeigen auf, dass bei dieser Größenordnung innovative, konstruktive Arbeit und ein optimal aufeinander abgestimmtes Handeln am besten möglich sind. Bei einer Gruppenstärke von 5 bis 7 Mitarbeitern ist für den Vorgesetzten eine Überschaubarkeit sowie die Möglichkeit des persönlichen Kontakts zu den Mitarbeitern gegeben. Auch gestattet diese Kopfstärke die Entwicklung einer vertrauensvollen Atmosphäre.

Ist eine Arbeitsgruppe zu groß, besteht die Gefahr, dass sich Untergruppen bilden und als Cliquen das Betriebsgeschehen negativ beeinflussen. Cliquen stellen einen Konfliktherd innerhalb einer Arbeitsgruppe dar. Sie können sich eigene Ziele und Normen setzen, die von denen der Arbeitsgruppe abweichen. Damit werden häufig Streitigkeiten innerhalb der Arbeitsgruppe vorprogrammiert. Die Konflikte können sich zwischen einzelnen Gruppenmitgliedern und der Clique abspielen. In der Betriebspraxis kann auch beobachtet werden, dass sich die nicht zu der Clique gehörenden Mitarbeiter selbst zu einer Untergruppe zusammenfinden, sodass es anschließend zu Konflikten zwischen zwei Cliquen kommt. Sind solche Spannungsherde in einem Betrieb vorhanden

Gefahr der Cliquenbildung

und werden sie nicht rasch beseitigt, haben sie eine Intensivierungs- und Ausbreitungstendenz.

In der Clique herrscht regelmäßig „Fraktionszwang", das heißt, es wird mit großem Eifer darüber gewacht, dass es keine Abweichler gibt. So kommt es zu starren Fronten, ein lautes Knirschen durch immens viel Sand im Gruppengetriebe ist zu bemerken, viel Kraft und Zeit werden verschwendet und letztlich leiden alle unter dieser unguten Situation. Machen Sie in einer Clique einen informellen Führer aus, nutzen Sie diesen zur Vermeidung der bei Cliquenbildung häufig anzutreffenden negativen Begleiterscheinungen (siehe Seite 155).

3. Die Arbeitsgruppe wurde erst vor kurzem gebildet

Bei einer neu gebildeten oder personell veränderten Arbeitsgruppe muss sich zunächst ein Teamgefüge herausbilden, bevor an eine effektive Teamarbeit zu denken ist. Die Erwartung, dass diese Arbeitsgruppe sogleich ausgezeichnete Teamarbeit leisten wird, ist – gelinde ausgedrückt – blauäugig.

4 Phasen zur Teamentwicklung Das Team benötigt zunächst einige Zeit, bis es seine maximale Leistungsfähigkeit erreicht. Erst einmal hat es mit sich selbst zu tun, denn die Teammitglieder müssen zunächst zueinander finden. In diesem Teamentwicklungsprozess durchläuft jedes Team vier Phasen.

„Forming"

Testphase Die Teammitglieder fahren ihre „Antennen" aus und beginnen sich in einem ersten Meinungsaustausch zu beschnuppern, um möglichst viel übereinander zu erfahren. Von besonderer Liebenswürdigkeit bis hin zu einer reservierten Beobachterposition – je nach Naturell – wird versucht, über dieses vorsichtige Abtasten die Position innerhalb des Teams zu finden.

So sollten beispielsweise nachstehende Fragen geklärt werden:

- Passen wir zusammen?
- Wie wird sich künftig die Zusammenarbeit gestalten?
- Welche Aufgaben kommen auf uns zu?
- Wie wird sich das Verhältnis zum Vorgesetzten einspielen?

Diese Phase ist abgeschlossen, wenn jedes Teammitglied zu wissen glaubt, wie es die anderen einschätzen muss und wo es selbst steht.

„Storming"

Nunmehr bauen die Teammitglieder Beziehungen zueinander auf, um sich innerhalb der Gruppe Macht und Einfluss zu verschaffen. Bis eine innere Gruppenhierarchie nach den Kriterien „Können" und „Sympathie" hergestellt ist und sich eine Hackordnung herausgestellt hat, sind zunächst jedoch mannigfaltige Konflikte aufzuarbeiten (die beispielsweise aus der Selbstdarstellung der Teammitglieder, dem Kampf um informelle Führung, dem Entstehen von Cliquen resultieren). Erst danach kann eine sachorientierte Arbeitsgruppe Formen der Zusammenarbeit finden, die dem Anspruch auf Kooperation genügen und allen Gruppenmitgliedern gerecht werden.

Konfliktphase

In der besonders heiklen Konfliktphase bewerten die Mitarbeiter auch das Verhalten ihres Vorgesetzten. Entweder erkennen sie seine Führung an oder sie finden geschickt Mittel, sie zu unterlaufen. Vorgesetzte sind in dieser Phase gut beraten, sich neutral zu verhalten und jegliche Bevorzugung zu vermeiden. Damit seine Autorität nicht untergraben wird, sollte der Vorgesetzte gleich zu Beginn auf die konsequente Durchsetzung allgemeingültiger Regelungen achten. Auch ist er gefordert, das Verhalten einzelner Teammitglieder durch persönliche Rückmeldung (Anerkennung bzw. Kritik)

Ihr Verhalten in der Konfliktphase

zu steuern. Wird kein klärendes Gespräch geführt, schwelen die Probleme weiter.. Die Führungskraft sollte also ein offenes, ehrliches und damit Vertrauen bildendes Verhalten gegenüber allen Teammitgliedern zeigen, was insbesondere über eine offene Informationspolitik dokumentiert wird (siehe Seiten 95 bis 99).

Jetzt wissen Sie um die Probleme in der Konfliktphase und brauchen sich als Teamleiter bei auftretenden Schwierigkeiten nicht schuldig zu fühlen und sich als Versager zu betrachten – die anfänglichen Schwierigkeiten sind normal. Soll eine neu formierte Arbeitsgruppe möglichst bald die Konfliktphase ohne starke Energieverluste, Blessuren und Nachwehen überstehen und zügig die Organisationsphase erreichen, sollten die Empfehlungen zur Gruppenzusammensetzung (Seite 154) beachtet werden.

„Norming"

Organisations-phase Jetzt wollen die Teammitglieder die Funktionsfähigkeit des Teams sicherstellen. Hierfür bedarf es der Übereinstimmung von Rahmenbedingungen und Regeln der Zusammenarbeit.

Es gilt etwa folgende Fragen schlüssig zu beantworten:
- Wer übernimmt welche Arbeiten?
- Welche Normen sollen für unsere Zusammenarbeit gelten? („Bei uns ist es üblich ...")
- Wie können wir kreativ, flexibel und effektiv Probleme lösen?
- Lassen sich gruppeninterne Arbeitsabläufe besser organisieren?
- Wie kontrollieren wir unsere Ergebnisse?

Sobald das Team zu einer konstruktiven Zusammenarbeit bereit ist, wechselt es in die letzte Phase.

„Performing"

Nach dem Motto: „Lasst uns jetzt endlich produktiv an die Arbeit gehen" präsentiert sich die Arbeitsgruppe als geschlossene und harmonische Einheit. Da die Funktionen der einzelnen Teammitglieder festgelegt sind, kann jeder seinen Beitrag zum Gesamtergebnis leisten. Die betrieblichen Aufgaben werden in einer Atmosphäre der Anerkennung, Akzeptanz und Wertschätzung bearbeitet. Der Kontakt der Gruppenmitglieder wird enger bis hin zu freundschaftlichem Verhalten.

4. Ein informeller Führer „kocht sein eigenes Süppchen"

Weist der Vorgesetzte Defizite im fachlichen oder persönlichen Bereich auf, wird das Vakuum von einem informellen Führer gefüllt. Verfolgt dieser Ziele, welche mit den Zielen des Vorgesetzten kollidieren, können schnell Führungsprobleme und -krisen aufbrechen. Hinweise zu dieser problematischen Situation entnehmen Sie bitte den Seiten 205 bis 208.

5. Gruppennormen behindern eine erfolgreiche Aufgabenerledigung

Neben den betrieblichen Zielen entwickelt eine Arbeitsgruppe Einigkeit über weitere Ziele, z.B. die Form der täglichen Begrüßung, die Gestaltung von Geburtstags- und Jubiläumsfeiern, den gemeinsamen Gang zum Mittagessen, die stillschweigende Übereinkunft, Gruppenmitglieder vor Angriffen Gruppenfremder zu schützen, Reorganisationsversuche von außen abzublocken, am Freitag ab 15 Uhr den guten Abschluss der Arbeitswoche gemeinsam mit einer Tasse Tee zu krönen usw. Diese Gruppennormen entstehen aus den Erwartungen und Meinungen der meisten oder der einflussreichen Gruppenmitglieder. Sie werden quasi als „Untergrundgesetze" auf verdeckten Wegen, durch stillschweigende Übereinkunft oder ver-schleierte Kommunikation eingeführt. Diese Normen legen das „richtige Verhalten" und die „angemesse Arbeitsleistung" fest, und können zum Beispiel so lauten:

1. „Vermeide ein Übermaß an Arbeit, sonst drückst Du den Akkord."
2. „Leiste nicht zu wenig, sonst muss die Gruppe Dich mitziehen."
3. „Verkneife Dir Verbesserungsvorschläge, sonst bist Du ein Spinner, der die übrigen Gruppenmitglieder als amorphe Mitarbeiter ohne Kreativpotenzial entlarvt."
4. „Stell Dein gesamtes Know-how der Gruppe zur Verfügung, sonst verhinderst Du als Bremser, dass die Gruppe eine Spitzenposition erreicht."
5. „Passe Dich uns an und tanze nicht aus der Reihe, sonst bist Du ein Fremdkörper, den wir schnellstmöglich loswerden wollen."

Mögliche Gruppennormen
Von Arbeitsgruppe zu Arbeitsgruppe können sich verschiedenartige Normen herausbilden, die zu betrieblichen Zielen in Übereinstimmung (siehe 2., 4.) oder in Widerspruch (siehe 1., 3.) stehen. Erkennen Sie Gruppennormen, die den Betriebserfolg behindern, besteht Handlungsbedarf. Statt mit einem Machtwort bisheriges Verhalten zu verbieten, werden Sie sich sensibel und geduldig bemühen, Ihre Arbeitsgruppe aus eingefahrenen Gleisen mittels Ihres überzeugenden Change-Managements zu befreien (siehe Seiten 168 bis 176).

Verletzung der Norm
Verletzt ein Gruppenmitglied eine Gruppennorm, enttäuscht es damit die Arbeitsgruppe, welche die Disziplinlosigkeit „bestraft" und das Gruppenmitglied zur Anpassung seines Verhaltens veranlasst. Reaktionen auf die Verletzung der Gruppennorm vollziehen sich meist in einer sehr präzisen Stufenfolge:

- Die Gruppenmitglieder versuchen zunächst den Opponenten umzustimmen, indem sie mit ihm die Vor- und Nachteile sowie die verschiedenen Aspekte seines abweichenden Verhaltens diskutieren.
- Wird trotz sachlicher Diskussion keine Verhaltensänderung erkannt, versucht die Gruppe den „Abtrünnigen" mit Freundlichkeit auf ihre Seite zu ziehen.
- Bleibt das Werben erfolglos, wird durch Androhung von Gewalt versucht, den Normbrecher zur Aufgabe seiner Position zu bewegen. Neben Beschimpfungen und physischen Angriffen werden seine Aktivitäten gehemmt – so fehlt plötzlich sein benötigtes Werkzeug oder es wird „vergessen", ihn zu einer Fortbildungsveranstaltung anzumelden usw.
- Die Gruppe wendet sich von dem Normbrecher ab, lacht ihn aus, nimmt ihn nicht mehr ernst und grenzt ihn aus. Im Extremfall wird er zum Mobbingopfer gemacht.

Dass Sie die beiden letzten Reaktionen nicht kommentarlos hinnehmen sollten, versteht sich von selbst. Greifen Sie frühzeitig ein, wobei Sie den Seiten 230 bis 231 weitere Hinweise – insbesondere zu Ihren Gegenmaßnahmen – entnehmen.

Auf den Punkt gebracht

Die auf uns zukommenden Probleme sind oft so vielschichtig, dass vermehrt Spezialisten mit dem erforderlichen Fachwissen aufgerufen sind, in einem kooperativen Arbeitsklima disziplinübergreifend in Gruppen komplexe Lösungsmöglichkeiten zu entwickeln.
Da die Gesamtleistung einer Arbeitsgruppe mit dem optimalen Gruppenzusammenhalt wächst, sollten Sie auf eine leistungs- und arbeitsklimafördernde Zusammensetzung Ihrer Arbeitsgruppe ach-

ten, eine überschaubare Gruppengröße anstreben, mögliche Cliquen in das Gruppengeschehen integrieren, ausgleichend auf Ihre Mitarbeiter während der Konfliktphase bei der Teamentwicklung einwirken, einen möglicherweise etablierten informellen Führer für eine Situationsverbesserung einspannen und auf die Veränderung behindernder Gruppennormen hinwirken. So gelingt es Ihnen, das Wissen und das Können aller Mitarbeiter in den Dienst der Sache zu stellen, denn keiner ist so informiert, keiner ist so erfahren, keiner ist so ideenreich wie viele Mitarbeiter in einer gut arbeitenden Gruppe.

33. Mitarbeiter stellen in der Arbeitsgruppe einen Fremdkörper dar

Die Beziehungen innerhalb einer Arbeitsgruppe führen dazu, dass sich unter den Mitgliedern bestimmte typische Verhaltensweisen herauskristallisieren. Die Gruppenmitglieder übernehmen soziale Rollen, wobei individuelle Eigenarten bei der „Rollenbesetzung" mitspielen. Bereits kurze Zeit nach der Gruppenzusammensetzung bildet sich in Gestalt einer Rangordnung eine recht klare Gruppenstruktur heraus, die mit dem Begriff „Hackordnung" sehr zutreffend beschrieben wird. Besonders zwei informelle Rollen (formelle Rollen ergeben sich aus der betrieblichen Über- und Unterordnung) sind bedeutsam für Gruppenzusammenhalt und -klima:

„Freiwillig"
Außenseiter

Auf Grund eigener Entscheidung hält sich der Außenseiter von anderen Gruppenmitgliedern und deren Aktivitäten (z.B. gemeinsames Kaffeetrinken, monatlicher Stammtisch, Betriebsausflug) fern. Er lehnt von sich aus das Gruppenleben ab, da er es für sich auf Grund seiner Persönlichkeitsstruktur oder sozialer Unfähigkeit als wenig lohnend empfindet. So nimmt er innerhalb der Arbeitsgruppe eine Randposition mit geringen Beziehungen zu den übrigen Gruppenmitgliedern ein.

Persönlichkeitseigenschaften (z.b. Schüchternheit, Redseligkeit), außergewöhnliche Verhaltensweisen (z.b. Überheblichkeit, Strebsamkeit), körperliche Besonderheiten, ungewöhnliche Interessen, die nicht zu denen der Gruppe passen, können zur Ablehnung führen. Der Sündenbock personifiziert sozusagen all das Unerfreuliche, das es in der Gruppe gibt. So dient er als „Blitzableiter" für Frustrationen jeglicher Art, wobei es unerheblich ist, ob dem Sündenbock objektiv ein Verschulden anzulasten ist oder nicht. Ursache für diese Zwangsposition ist ein Konflikt, der eine Gruppe in der Regel überfordert, sich selbst aus der festgefahrenen Situation zu befreien.

„Unfreiwillig" Sündenbock

Außenseiter und Sündenböcke integrieren

Außenseiter und Sündenböcke wird es bei einem harmonischen Gruppenklima kaum geben. Ist eine dieser Rollen aber einem Ihrer Mitarbeiter zugefallen, bemühen Sie sich nach Kräften, ihn in der Arbeitsgruppe heimisch werden zu lassen und Angriffe auf ihn zu unterbinden. Zu wünschen wäre, dass er sich nach Ihren Interventionen allmählich mit der Arbeitsgruppe und ihren den betrieblichen Erfordernissen dienenden Zielen identifiziert.

Woran wäre bei einem Außenseiter zu denken?
- Verstärkt informieren, da er aufgrund seiner bisherigen Isolation vom informellen Kommunikationssystem abgeschnitten war.
- Dem Mitarbeiter seinen Willen lassen und ihn nicht zur Beteiligung an Gruppenaktivitäten zwingen.
- Status quo belassen, solange die Arbeit darunter nicht leidet.

- Weiterhin aufmerksam die Situation beobachten, weil die Gefahr besteht, dass aus einem Außenseiter leicht ein Sündenbock wird.

Bei einem Sündenbock könnten Sie folgende Maßnahmen ergreifen:
- Ursachen des Konflikts herausfinden und möglichst abstellen.
- Den übrigen Gruppenmitgliedern gegenüber die Stärken des Sündenbocks herausstellen.
- Kontakt zum Sündenbock verstärken.
- Situation mit den übrigen Gruppenmitgliedern besprechen.
- Auf eventuell vorhandenen informellen Führer (siehe Seite 205) einwirken, damit dieser den Sündenbock stützt und schützt.
- Ihn mit wichtigen und gut von ihm zu erledigenden Aufgaben betrauen, die für die Arbeitsgruppe nützlich sind.

Auf den Punkt gebracht
Am wenigsten leistungsfähig sind Arbeitsgruppen, in denen feindselige, ablehnende Beziehungen an der Tagesordnung sind. Demzufolge gehört es zu Ihrer bewussten Gruppenpflege, die Beziehungen zwischen den Gruppenmitgliedern in positiver Weise aufzubauen und zu erhalten. Im Idealfall sollen alle Beteiligen realisieren: Einer für alle, alle für einen, alle für ein gemeinsames Ziel!

34. Mitarbeiter nutzen jede Gelegenheit zur Rückdelegation

Manche Mitarbeiter zeigen eine bei ihnen sonst nicht zu beobachtende Kreativität, wenn es darum geht, übertragene Aufgaben an den Vorgesetzten zurückzugeben:

Der Reklamationsbearbeiter kommt zu seinem Chef: „Herr Paul, Sie spielen doch mittwochs mit unserem besten Kunden, Herrn Ludwig, Golf. Ob Sie Ihren guten Draht und Ihr Verhandlungsgeschick einsetzen können, damit Herr Ludwig die ungerechtfertigte Reklamation zurücknimmt?" Der Chef reagiert: „Na, dann geben Sie mal her."

Beispiel 1

Es sollen fünf leistungsschwache Mitarbeiter versetzt werden. Meister Krug wird vom Betriebsleiter beauftragt, ihm die fünf Mitarbeiter zu nennen, die für eine Versetzung in Betracht kommen. Meister Krug scheut die Verantwortung und bereitet eine Liste mit zehn Namen vor: „Ich habe eine Liste mit zehn Namen aufgestellt. Vom Leistungsniveau her befinden sich alle in etwa auf dem gleichen Level. Einer ist mir so lieb wie der andere. Da sollten Sie als Neutraler eine Entscheidung treffen." Der Chef reagiert: „Na, dann geben Sie mal her."

Beispiel 2

Ein Mitarbeiter sucht mit verzweifelter Miene seinen Vorgesetzten auf, den einzigen Juristen im Betrieb: „Ich brüte schon seit Tagen über dem Problem ... Ohne entsprechenden juristischen Background fühle ich mich total überfordert." Der Chef reagiert: „Na, dann geben Sie mal her."

Beispiel 3

In den drei Beispielen ist es den Mitarbeitern gelungen, ihre Probleme zu denen ihrer Vorgesetzten zu machen! Damit haben sie das Delegationsprinzip durch eine unzulässige Rückdelegation übertragener Aufgaben, Kompetenzen und Verantwortung an den Vorgesetzten durchbrochen. Macht das in

Delegationsprinzip durchbrechen

den Beispielen dargestellte Vorgehen Schule, werden dem Vorgesetzten alle unangenehmen oder schwierigen Arbeiten zugeschoben.

Rückdelegationen begegnen

Manche Mitarbeiter, die es bisher gewohnt waren, nur Weisungen auszuführen, versuchen, unangenehme Entscheidungen aus Gründen der Risikominderung oder Rückversicherung dem Vorgesetzten zuzuschieben, indem sie nichts ohne vorherige Rücksprache und Zustimmung des Vorgesetzten unternehmen. Andere sind so „clever", Unsicherheit zu signalisieren, um so das Eingreifen ihres Vorgesetzten zu provozieren.

Nein sagen Es lässt sich nicht ausschließen, dass Sie sich zunächst geschmeichelt fühlen, wenn Sie von einem Mitarbeiter aufgesucht und mit vielen Worten des Bedauerns über die Störung darum gebeten werden, irgendeiner belanglosen Regelung zuzustimmen. Möglicherweise fällt es Ihnen schwer, „nein" zu sagen, wenn Sie um Rat und Hilfe angegangen werden. Es schwingt die Angst mit, den Mitarbeiter durch Zurückweisung zu verletzen oder wegen des Versagens von Unterstützung als unsozial oder wenig kooperativ zu gelten. Auch mögen Sie beunruhigt sein, wenn es bei der Delegation zu ersten Schwierigkeiten kommt, sodass Sie eine Rückdelegation akzeptieren, damit nicht noch Schlimmeres passiert.

Türöffner für Rückdelegation Wohlmeinende Ratschläge wie:

- ■ „Bevor etwas falsch läuft, klären Sie das erst mit mir" oder
- ■ „Wenn Sie eine Entscheidung benötigen, steht meine Tür für Sie immer offen",

signalisieren Ihre Bereitschaft, Rückdelegation anzunehmen.

SIE-Fragen stellen Dem Delegationsprinzip eher angemessen sind Reaktionen wie:

- „*Was* schlagen Sie vor?"
- „*Was* kann ich mit Ihnen gemeinsam tun, damit Sie die Aufgabe erfüllen und eine Entscheidung treffen können?"
- „*Welche* Alternativen haben Sie sich überlegt?"

Verweigern Sie Antworten und stellen Sie Fragen, veranlassen Sie den Mitarbeiter, seine Arbeit selbst zu tun. Gehen Sie erforderlichenfalls mit dem Mitarbeiter die zur Entscheidung notwendigen Informationen durch und lassen den Mitarbeiter daraufhin aber selbst entscheiden. Damit

- wird keine Rückdelegation zugelassen,
- hat der Mitarbeiter weiterhin Entscheidungen in seinem Bereich zu treffen und zu verantworten,
- bekommt der Mitarbeiter Ihr Vertrauen zu spüren, da Sie ihm ja trotz aufgetretener Probleme weiterhin Ihr Vertrauen schenken und
- hat der Mitarbeiter einen Ansporn zu weiterem Mitdenken und Mithandeln.

Positive Verstärkung

Kontrollieren Sie vorsorglich den zur Rückdelegation neigenden Mitarbeiter häufiger und bestätigen Sie ihm dabei so oft wie möglich, dass er seine Entscheidungen sachgerecht getroffen hat – der Grundsatz der positiven Verstärkung.

Eindeutige Ansagen

Versucht der Mitarbeiter immer wieder, Ihnen Aufgaben und Entscheidungen zuzuschieben, für die er zuständig ist, müssen Sie mit ihm offen reden:

„Erneut versuchen Sie, eine Arbeit bei mir abzuladen. Diese Aufgabe ist nach der Stellenbeschreibung von Ihnen zu erledigen. Sie werden auch für diese Aufgabe angemessen bezahlt. Als Gegenleistung erwarte ich von Ihnen die Erledigung dieser Arbeit mit zumindest guten Ergebnissen. Sollten Sie sich dieser Aufgabe nicht gewachsen fühlen, müsste ich eine neue Aufgabenverteilung mit einer eventuellen Personalveränderung vornehmen. Ich empfehle Ihnen, meine Hinweise zu überdenken."

Lassen Sie ausnahmsweise eine Rückdelegation zu, wenn Sie zu der begründeten Auffassung gelangen, dass der Mitarbeiter hinsichtlich der Arbeitsmenge überlastet oder von seiner Eignung her überfordert ist.

> **Auf den Punkt gebracht**
> Sucht Sie ein Mitarbeiter mit einem Problem auf, lassen Sie dies nicht bei sich abladen. Stellen Sie unterstützende Fragen, geben Sie Zusatzinformationen – aber achten Sie darauf, dass der Mitarbeiter anschließend das Problem wieder mitnimmt! So managen Sie Ihren Mitarbeiter – bei Rückdelegation managt der Mitarbeiter Sie! Treten Sie der Rückdelegation nicht entgegen, werden Sie zum besten Mitarbeiter Ihres Mitarbeiters!

35. Mitarbeiter widersetzen sich durchzuführenden Veränderungen

Jeder, der Veränderungen einzuleiten und durchzuführen hat, wird mit dem Phänomen des Widerstands konfrontiert und fragt sich, was die Hintergründe und Ursachen der mangelnden Akzeptanz von Veränderungen sind. Vom rationalen Standpunkt erscheinen Widerstände zunächst unvernünftig und unverständlich. Es ist allerdings eine Tatsache, dass die meisten Menschen den Status quo bevorzugen und konservieren wollen, weil sie das Konstante und Bleibende trotz möglicher Schwächen und Nachteile bevorzugen.

Warum werden Veränderungen abgelehnt?
Folgende Gesichtspunkte können ausschlaggebend für störende Widerstände sein:
- Anthropologisch gesehen führt alles Unbekannte, Unvertraute und Ungewisse zu Unsicherheit, Unbehagen oder gar Angst. Weil nicht abzuschätzen ist, was die Zukunft

unter veränderten Vorzeichen bringen wird, lehnen viele Mitarbeiter Instabilität intuitiv als Störung der etablierten Ordnung ab.

- Die bisherige Arbeit ist den Mitarbeitern ans Herz gewachsen und in Fleisch und Blut übergegangen. Der Mitarbeiter musste zunächst erhebliche Energien einsetzen, um sich allmählich mit den Arbeitsinhalten seines Aufgabenbereichs so vertraut zu machen, dass es schließlich zu guten Leistungen kam. Das soll nun wegen einer Neuerung preisgegeben werden.

- Es ist ungewiss, ob die veränderte Arbeitssituation ebenso gut bewältigt wird wie die bisherige. Mitarbeiter konnten in der Vergangenheit Denkgewohnheiten und Verhaltensroutinen entwickeln, die ihre Bereitschaft mindern, Veränderungen positiv anzugehen. Der sichere und vorausberechenbare Alltag nach der „Ich-tue-hier-doch-nur-meinen-Job-Philosophie" ist gefährdet.

- Jede Veränderung beinhaltet für den Mitarbeiter Lernprozesse. Während einer längeren Zeitspanne herausgebildete Gewohnheiten sollen abgelegt, angepasst oder durch neue ersetzt werden. Erworbene Kenntnisse und Erfahrungen werden möglicherweise entwertet. Selbst wenn die Veränderung eine Arbeitserleichterung zum Ziel hat, befürchten manche Mitarbeiter, der Prozess des Umlernens (Umlernen fordert mehr Energie als erstmaliges Lernen!) werde zu anstrengend.

- Den Absichten der Stelle oder der Person, welche die Veränderung propagiert, wird Misstrauen entgegengebracht. Angst vor der Zukunft entsteht, die sich – steht der eigene Arbeitsplatz zur Diskussion – in antriebshemmender und lähmender Hilflosigkeit, Ohnmacht und Resignation zeigt.

- Der gegenwärtige Status im Betrieb oder die bisher erhaltene Anerkennung für geleistete Arbeit können sich wandeln, sodass beim Mitarbeiter das Selbstwertgefühl negativ berührt wird.

- Veränderungen können bestehende soziale Beziehungen innerhalb des bisherigen beruflichen Umfelds (Kollegen, Vorgesetzte, Mitarbeiter) bedrohen oder zerstören.

Veränderungen managen

Wir stellen fest: Mitarbeiter wissen, wie es ihnen unter den gegenwärtigen Bedingungen geht. Jede Veränderung bedeutet aber neue und fremde Bedingungen, die auf eine Fülle von Gegeninteressen sowie auf offene oder verborgene Widerstände stoßen.

Kein Betrieb darf auf Dauer zulassen, dass Energiepotenzial für hemmende oder verhindernde Aktivitäten aufgebraucht wird. Vorgesetzte müssen als „Veränderungsmanager" aktiv die Mitarbeiterenergien in Erfolg versprechende Bahnen lenken.

> **Reagieren Mitarbeiter auf anstehende Veränderungen mit Ablehnung und Widerstand ist kein „business as usual", sondern ein stark erhöhter Führungsbedarf gefordert.**

Vertrauensfördernde Steuerungselemente

Versuchen Sie, behindernde Kräfte durch Einsatz von Machtmitteln zu zerstören, wird Ihnen das vermutlich misslingen. Sie werden eher Erfolg haben, wenn Ihre Mitarbeiter Ihnen auch in dieser Phase der Instabilität Vertrauen entgegenbringen. Ein Großteil der Widerstände lässt sich durch mehrere miteinander zu kombinierende vertrauensfördernde Steuerungselemente vorbeugend vermeiden oder wenigstens verringern:

1. Generelle Einsicht in die Notwendigkeit von Veränderungen stärken

Sie verdeutlichen Ihren Mitarbeitern immer wieder, dass Veränderungen notwendig, nützlich und konstruktiv sind. Veränderungsappelle wirken dann glaubwürdiger, wenn Sie eine Vorbildfunktion ausüben. Durch regelmäßiges Erörtern von Problemen und die Beschäftigung mit erkennbaren Entwicklungen im Rahmen von Meetings erhalten Mitarbeiter eine größere Einsicht in die Notwendigkeit von Veränderungen. Gelingt es Ihnen, für Veränderungen eine akzeptierende Atmosphäre zu erzeugen, werden Ihre Mitarbeiter auch eher bereit sein, von sich aus brauchbare Vorschläge zur Verbilligung, Vereinfachung, Erleichterung oder Beschleunigung von Arbeitsprozessen oder zur Vermeidung von Unfallgefahren vorzulegen. Machen Sie Ihren Mitarbeitern Mut, sich intensiv am kontinuierlichen Verbesserungsprogramm zu beteiligen und Verbesserungsvorschläge einzureichen.

2. Notwendige Änderungen müssen von den Mitarbeitern akzeptiert werden

Wird in Ihren Augen eine Änderung unvermeidlich, nehmen Sie gemeinsam mit Ihren Mitarbeitern eine Bestandsaufnahme vor und analysieren Sie die bisherige Situation. Die Mitarbeiter sollen zu der Einsicht gelangen, dass ein Problem vorliegt, welches durch eine Änderung zu beseitigen ist. Damit überzeugen sie sich, dass eine Änderung auf echten und zwingenden Gründen basiert und nicht auf Ihren persönlichen Launen, Profilierungssüchten oder besonderen Neigungen.

3. Mitarbeiter frühzeitig informieren

Nichts wirkt so niederschmetternd und destruktiv auf Betriebsklima und Arbeitsmoral, als wenn Mitarbeiter über eine geplante Veränderung erst von Kollegen aus anderen Abteilungen oder aus der Zeitung erfahren. Durch frühzeitige und vollständige Information bereiten Sie alle Beteiligten darauf vor, dass eine Änderung erwogen wird. So bricht eine Umstellung nicht plötzlich und unerwartet „über Nacht" über die Betroffenen herein. Die Mitarbeiter haben Zeit, sich in Ruhe mit dem Für und Wider zu beschäftigen und Fragen, Anregungen und Einwände zu formulieren. Bis zur Realisierung der Änderung werden Sie die Mitarbeiter laufend informieren, um ihnen unbegründete Befürchtungen und Spannungszustände zu ersparen. Kursieren als Folge mangelnder Information bereits Gerüchte über geplante Veränderungen, werden Sie umgehend für offizielle Klarstellungen über den tatsächlichen Sachverhalt sorgen.

4. Die von einer Änderung Betroffenen beteiligen und nicht die Beteiligten betroffen machen
Prägen Sie sich diese Überschrift als wichtigste Motivationsregel des Projekt- und Prozessmanagements ein: Werden diejenigen, die von einer Änderung berührt werden und diese realisieren sollen, vom gesamten Planungs- und Entscheidungsprozess ferngehalten, bedeutet dies, nutzbare Fähigkeiten sowie vorhandenes Urteilsvermögen und Verantwortungsbewusstsein vorsätzlich zu ignorieren. Kann man dann den Mitarbeitern das Gefühl verargen, sie würden als unmündige Kinder vom Vorgesetzten unter Vormundschaft gestellt?

Je früher die aktive Beteiligung am Willenbildungsprozess einsetzt, desto eher erkennen Mitarbeiter die Einführung einer Änderung auch als ihre eigene Entscheidung. Selbst wenn die Lösung nur in einem unwesentlichen Teilbereich von einem Betroffenen miterarbeitet wurde, identifiziert er sich doch mit der Gesamtlösung und setzt sich für deren erfolgreiche Durchführung ein.

Verwenden Sie auch einen Gedanken darauf, ob es in manchen Fällen vorteilhafter ist, von Mitarbeitern vorgeschlagene Lösungen in die Praxis umzusetzen, auch wenn diese Ihrem „perfekten" und „wasserdichten" eigenen Plan in Details nachstehen. Die Qualität einer Lösung und ihre Annehmbarkeit durch die Mitarbeiter sind zwei verschiedene Dinge und gehen regelmäßig nicht konform. Wird die von Mitarbeitern erarbeitete Vorgehensweise realisiert, stärkt die eigene Urheberschaft die Verantwortung der Mitarbeiter. Eine erhöhte Motivation gleicht kleinere Mängel aus und bewirkt unter dem Strich sogar ein besseres Ergebnis.

Soll die angebotene Mitwirkung der Mitarbeiter nicht nur als psychologischer Trick oder als Mittel der Manipulation dienen, sollten Sie auch Vorschlägen und Anregungen Ihrer Mitarbeiter ohne Voreingenommenheit gegenüberstehen, die möglicherweise Ihrem ursprünglichen Plan nicht folgen, sondern völlig neue Wege aufzeigen. Vergegenwärtigen Sie sich, dass Ihre Mitarbeiter als Spezialisten über ein profundes Know-how verfügen, das nutzbringend in den Änderungsprozess eingebracht werden kann. Sie als Vorgesetzter sollten diese Sachkompetenz nutzen, denn es ist nicht auszuschließen, dass Sie als Einzelner die beste Lösung übersehen. Da vier Augen mehr als zwei sehen, wird auch das Risiko subjektiver Fehleinschätzung verringert.

5. Beispiele stärken die Überzeugungskraft
Die meisten Menschen haben eine Abneigung, ja Verachtung für bloße Theorien. Berücksichtigen Sie diese Einstellung und dokumentieren Sie den Wert einer geplanten Änderung anhand von Beispielen, die als Belege und Illustrationen für Ihre Auffassung dienen.

6. Nachteile nicht verschweigen
Die Auswirkungen der Veränderung sollten transparent gemacht und die Vor- und Nachteile herausgestellt werden. Sehr oft sind mit einer Umstellung neben absehbaren Vorteilen auch unvermeidbare Nachteile verbunden. Verschweigt der Vorgesetzte die Minuspunkte, führt dies zum Verlust von Vertrauen, wenn dem Mitarbeiter die Manipulation bewusst wird. Zeigen Sie deshalb den Betroffenen auch die negativen Seiten auf und verdeutlichen Sie gleichzeitig in überzeugender Form, dass sich durch die Änderung per Saldo eine Verbesserung ergeben wird.

7. Der Informationsfluss muss gewährleistet sein

Eigentlich bedarf es keiner besonderen Erwähnung, dass Sie den Mitarbeitern den Zugang zu allen notwendigen Informationen ermöglichen sollten, damit die Veränderung auch positiv praktiziert werden kann. Bei einer Veränderung können Mitarbeiter oft nicht auf einen reichen Erfahrungsschatz zurückgreifen.

8. Eventuell Probelauf vorsehen

Um Widerstände gegen eine Veränderung abzubauen, sollten Sie keine Umstellung als absolut und für alle Zeiten gültig ansehen und proklamieren. Es kann hilfreich sein, eine Änderung erst einmal für eine Probezeit einzuführen, sie zu testen. Während dieses Probelaufs können noch wertvolle Erfahrungen für die endgültige Entscheidung gesammelt werden. Stellt sich trotz positiven Einsatzes der Beteiligten heraus, dass die erwarteten Vorteile eher ein Wunschdenken waren, können Sie das Experiment ohne Autoritätsverlust beenden.

9. Engen Sie Handlungsspielräume nicht ein

Legen Sie trotz der Veränderung die Handlungen Ihrer Mitarbeiter nicht bis in die kleinste Einzelheit fest. Der mitdenkende und mithandelnde Mitarbeiter benötigt Entfaltungsmöglichkeiten und Freiheitsgrade zur Ausgestaltung der Veränderung.

10. Die Kontrollschraube nicht zu stark anziehen

Passen sich die Betroffenen der technischen, organisatorischen oder arbeitsmäßigen Veränderung an, sollten Sie Ihre Mitarbeiter nicht mit Argusaugen beaufsichtigen und überwachen. Üben Sie während des Umgewöhnens auf die neuen Erfordernisse Druck auf Mitarbeiter aus, provozieren Sie in der Regel Gegendruck. Sehen Sie vielmehr an den kritischen Punkten („Strategische Kontrollpunkte" – siehe Seite 73) Stichprobenkontrollen vor und beschränken Sie sich ansonsten darauf, die erzielten Ergebnisse mit dem Soll zu vergleichen und anschließend die notwendigen Folgerungen zu ziehen.

11. Gestehen Sie dem Mitarbeiter die erforderliche Umstellungszeit zu

Häufig besitzen Vorgesetzte bei vorzusehenden Änderungen einen bedeutenden Zeit- und oft auch Informationsvorsprung gegenüber ihren Mitarbeitern. Diese benötigen jedoch einige Zeit, um neue Fertigkeiten zu erwerben, bisherige Gewohnheiten aufzugeben oder sich auch nur in einer minimal veränderten Situation zurechtzufinden. Günstig ist es, eine „Politik der kleinen Schritte" zu verfolgen. Dieses schrittweise Vorgehen kann zu Verzögerungen führen, erleichtert jedoch die Umstellung. Wird der Umgewöhnungsprozess von Ihrem verständnisvollen Wohlwollen bei vertretbaren zeitlichen Erfordernissen begleitet, empfindet der Mitarbeiter die neue Situation als weniger belastend.

12. Nicht zu viele Änderungen in kurzer Zeit

Ein Mitarbeiter hat nur eine begrenzte Kapazität für Änderungen, denn Umstellungen sind nicht nur auf die Berufstätigkeit beschränkt, sondern vollziehen sich auch im privaten Umfeld. Dies kann sich zu einem größeren Änderungsvolumen addieren, das möglicherweise Zukunftsängste potenziert. Auch führt eine größere Anzahl von Änderungen innerhalb einer kürzeren Zeitspanne regelmäßig zu „organisatorischen Verdauungsstörungen". Wie oft kommt es zu fast permanenten Änderungen, wenn eine Arbeitsgruppe einen neuen Vorgesetzten erhält. Ist das Tempo dann folgender Umstellungen zu groß, verweigern die etablierten Mitarbeiter bald die Gefolgschaft.

13. Erforderliches Know-how rechtzeitig vermitteln

Ist von Mitarbeitern zur Realisierung von Änderungen zusätzliches Wissen und Können zu fordern, muss es rechtzeitig vermittelt werden. Bedenken Sie, dass manche Widerstände gegen Veränderungen darauf zurückzuführen sind, dass dem Mitarbeiter das notwendige Wissen und Können fehlt, um diese erfolgreich in die Tat umzusetzen.

Auf den Punkt gebracht

Das Einbeziehen von Mitarbeitern kann den Nachteil haben, dass sich Änderungsprozesse recht träge und langsam vollziehen. Andererseits sprechen Beispiele, in denen Umstellungen sehr intensiv vorbereitet wurden und die Betroffenen weitgehend am Entscheidungsprozess mitwirkten, für die Effizienz der beschriebenen Vorgehensweise. „Schnellschüsse" nach der ksf-Methode (kurz, schnell, falsch) sollten generell hinter Möglichkeiten zurücktreten, Konsens unter den von der Änderung Betroffenen herbeizuführen. Ein anfänglich höherer Zeit- und Diskussionsaufwand lässt sich durch ein schnelleres und reibungsärmeres Umsetzen von Änderungsprozessen kompensieren.

36. Mitarbeiter übergehen Sie und wenden sich direkt an Ihren Chef

Sind Sie ein frischgebackener Vorgesetzter, dessen Vorgänger in die nächsthöhere Etage aufrückte, können ernsthafte Probleme auftreten. War Ihr Vorgänger erfolgreich (was Sie normalerweise unterstellen sollten) und hatte er einen guten Draht zu den Mitarbeitern, identifizieren sich diese eher mit ihm und stehen Ihnen skeptisch und misstrauisch gegenüber. Da Sie als Newcomer nicht sogleich alles „aus dem Ärmel schütteln" und manche Entscheidungen nicht sofort treffen können, betrachten Mitarbeiter Sie als Zwischenstation, die nur eine Zeitverzögerung bewirkt und deshalb getrost übergangen werden sollte. Also wird getreu der Aussage von Leonardo da Vinci „Wer zur Quelle gehen kann, geht nicht zum

Wassertopf" unter Umgehung Ihrer Person der frühere Vorgesetzte direkt eingeschaltet.

Um diese Situation zu beenden, sollten Sie Ihren Vorgesetzten in einem ruhigen Augenblick auf Ihre missliche Lage hinweisen:

Chef ansprechen

„Seit meinem Arbeitsantritt habe ich in mehreren Fällen bemerkt, dass meine Mitarbeiter Sie mit Fragen und Problemen unmittelbar ansprechen. Das zeigt, dass Sie voll in der Materie stehen und auf Grund Ihres Wissens- und Erfahrungsschatzes schnell und kompetent handeln können. Allerdings hat dieses Vorgehen zur Folge, dass ich von vielen Informationen ausgeschlossen werde und hierdurch meine Aufgaben nur eingeschränkt wahrnehmen kann. Auch macht es mir die geschilderte Situation nicht leicht, meine Autorität bei meinen Mitarbeitern aufzubauen. Ich betrachte es auch als meine Aufgabe, Sie zu unterstützen und Ihnen Arbeit abzunehmen und nicht umgekehrt. Bitte schicken Sie meine Mitarbeiter zuerst zu mir, wenn Sie von ihnen auf Probleme angesprochen werden. Benötigen Sie Informationen aus der Abteilung, wäre ich dankbar, wenn Sie sich an mich wenden würden. Ich will Ihnen gern den Rücken freihalten, Sie müssen mir aber die Möglichkeit hierzu geben."

Parallel hierzu wären Ihre Mitarbeiter darauf hinzuweisen, die üblichen Gepflogenheiten einzuhalten und den Dienstweg zu beachten.

Ist Ihr Chef Ihr Vorgänger, erleichtern Sie sich mit der Befolgung von drei Empfehlungen Ihr Leben:

3 Empfehlungen

1. Bemühen Sie sich vom ersten Tag an um einen guten Kotakt zu Ihrem vielleicht sehr kritischen Vorgesetzten, zumal dieser Ihren Wirkungsbereich aus dem Effeff kennt. Sie vergeben sich nichts, wenn Sie sich bei ihm nach Feh-

lerquellen und problematischen Punkten bei Ihren neuen Aufgaben erkundigen. Sie signalisieren, dass Sie zur Entgegennahme seiner Ratschläge bereit sind. Er fühlt sich hierdurch in seiner Bedeutung bestätigt und wird Ihnen gern behilflich sein.

2. Halten Sie sich anfangs mit dem Initiieren von Veränderungen zurück, weil Ihr Vorgesetzter dies als indirekte „Kriegserklärung" auffassen könnte. Bevor Sie mit einer notwendigen Veränderung beginnen, informieren Sie ihn vorher und binden ihn damit in Ihr Vorhaben ein.

3. Lassen Sie vor Ihren neuen Mitarbeitern kein kritisches Wort über Ihren Vorgänger fallen. Im Gegenteil: Stellen Sie seine Verdienste für die Abteilung heraus.

Auf den Punkt gebracht

Ignorieren Sie das Problem, werden Sie zwar von vieler Arbeit entlastet, haben dafür aber nicht die Möglichkeit, schnell in die neue Funktion hineinzuwachsen sowie eigenverantwortlich, selbstständig und erfolgreich zu arbeiten. Da sich der Chef oft genug keiner Schuld bewusst ist, wird Ihr freundlicher Hinweis schnell zur Normalität beitragen.

37. Mitarbeiter schiebt Arbeiten vor sich her und lässt Termintreue vermissen

Vor allem zeitintensive und unangenehme Aufgaben erleiden häufig das Schicksal, von einem Tag auf den nächsten verschoben zu werden und dann wieder auf den nächsten und wieder ...

Dieses Verschieben wird mit vertröstenden Formulierungen wie „Mache ich demnächst", „Brennt ja noch nicht an" oder „Sobald es meine Zeit zulässt" begleitet. Da die Aufgabe sich im Regelfall nicht von selbst erledigt, nimmt der Zeitdruck so zu, dass es schließlich unnötig Nerven kostet, Hektik eintritt, Überstunden zu leisten sind und oft genug wenig befriedigende Ergebnisse abgeliefert werden.

Viele Menschen neigen dazu, sich selbst hundert Ausreden aufzutischen, um eine unangenehme oder ungeliebte Arbeit nicht sogleich beginnen zu müssen. Trotz gegenteiliger Erwartungen bewahrheitet sich der Satz „Aus den Augen, aus dem Sinn" leider nicht. Unser Gehirn funktioniert nämlich wie ein riesiges Schubladensystem. Eine vor uns hergeschobene oder nicht zum Abschluss gebrachte Aufgabe bewirkt, dass eine Schublade offen bleibt, an der wir uns stoßen und uns blaue Flecken einhandeln. Je mehr Schubladen offen stehen, umso weniger können wir uns auf unsere momentane Arbeit konzentrieren – schließlich müssen wir ständig darauf achten, nicht wieder schmerzhafte Bekanntschaft mit einer geöffneten Schublade zu machen. Auf den Punkt gebracht:

Unangenehmes wird durch Hinausschieben nur noch unangenehmer!

Funktionierendes Selbstmanagement fördern

Nach Erkenntnissen von Psychologen der Ohio State University vergessen wir unerledigte Aufgaben nicht dauerhaft, sondern befördern sie vorübergehend ins Unterbewusstsein. Dort „lauern" sie und können immer wieder Missstimmungen in uns auslösen – ohne dass wir wissen, woher diese kommen. Wer sich und seine Arbeit organisieren kann, den Blick für das Wesentliche behält und Aufgaben nicht aufschiebt, hat beste Chancen, mit seinem funktionierenden Selbstmanagement rechtzeitig und in erfolgreicher Weise seine Ziele zu erreichen. An einem von den Bazillen „Aufschieberitis", „Faulenzia" und „Procrastination" befallenen Mitarbeiter können Sie Ihre pädagogischen Fähigkeiten demonstrieren.

Auffordern, falsches Verhalten abzustellen	Nachdem der Mitarbeiter mehrfach Aufgaben „auf den letzten Drücker" mehr schlecht als recht erledigt hat, weisen Sie auf das nicht akzeptable Arbeitsverhalten des Mitarbeiters hin und mahnen Selbstdisziplin und Einsatz von Willenskraft an. Hierbei empfehlen Sie, ungeliebte und unangenehme Arbeiten zu Beginn des Arbeitstages zu erledigen. Da diese problematischen Aufgaben die ungeminderte Kraft erfordern, werden sie wahrscheinlich in ausgeruhtem Zustand am ehesten erfolgreich bewältigt. Anschließend wird der Mitarbeiter froh sein, schon wieder eine bislang stiefmütterlich behandelte Arbeit „abgehakt" zu haben. Da die Arbeit ohne Hektik erledigt wird, nehmen Fehler und falsche Entscheidungen ab, die Arbeitsergebnisse werden insgesamt besser und die Arbeitszufriedenheit steigt. Eine weitere Empfehlung: Die Zerlegung besonders umfangreicher Aufgaben in kleinere durchführbare Schritte, die zügig abzuarbeiten sind.

> *„Wenn nicht jetzt – wann sonst?", „Der beste Tag ist heute"* – Bemühen Sie sich, beim Mitarbeiter diese Mottos zu implementieren.

Termine setzen	Lassen Sie sich nicht auf „demnächst" oder „gleich" vertrösten, sondern vereinbaren Sie stets eindeutige Erledigungstermine, die Sie auch akribisch überwachen. Sind Zwischenschritte vorgesehen, legen Sie sehr zeitnahe konkrete Erledigungstermine fest, deren Einhaltung Sie ausnahmslos – fast schon penetrant – kontrollieren.
Verhaltensänderungen würdigen	Hat sich der Mitarbeiter dank Ihrer hartnäckigen „Begleitung" einige Wochen lang der Aufschieberitis verweigert, wird er die wohltuenden Auswirkungen nicht mehr missen wollen. Es wird sich bei ihm das subjektive Gefühl einstellen, Zeit gewonnen zu haben. Auch wird er überrascht feststellen, dass früher hinausgezögerte Aufgaben bei sofortiger Erledigung ihren Schrecken verloren haben. Bestärken Sie diese

positiven Erfahrungen des Mitarbeiters mit einigen Worten aufrichtiger Anerkennung. Auch werden Sie durch weiteres gelegentliches Beobachten einen Rückfall in früheres Verhalten verhindern.

Auf den Punkt gebracht

Indem Sie dem Mitarbeiter Erledigungstermine setzen und diese auch überwachen, zwingen Sie ihn, seine Aufgaben zeitnah zu erledigen. Werden terminierte Arbeiten dennoch nicht rechtzeitig erledigt und zeigt er sich gegen Ihre wohlmeinenden Empfehlungen resistent, sollten Sie bereit sein, mit härteren Mitteln (bis hin zur Abmahnung) eine Verhaltensänderung zu bewirken.

---

38. Mitarbeiter ist leistungsschwach

Klagen Sie über einen leistungsschwachen Mitarbeiter, sollten Sie einen Moment darüber nachdenken, seit wann Sie mit den Leistungsergebnissen des Mitarbeiters unzufrieden sind. Vermutlich gehörte der Mitarbeiter früher nicht zu den leistungsschwachen Menschen, denn sonst hätte er kaum berufsqualifizierende Prüfungen bestanden bzw. einen Arbeitsvertrag erhalten. Vermutlich war der Mitarbeiter auch einmal bereit, die Ärmel hochzukrempeln und sich aktiv und engagiert in das betriebliche Geschehen einzubringen. Irgendwelche Umstände haben den Elan des Mitarbeiters gestoppt und den oft „lautlosen Abschied" vom engagierten Mitarbeiter zum passiven Statisten in Gang gesetzt. Dieser einer schleichenden Krankheit ähnliche Rückzug mag sich über einen längeren Zeitraum erstreckt haben – allerdings regelmäßig mit dem gleichen Ergebnis: Das ursprüngliche Engagement ist einer „Inneren Kündigung" gewichen! Der Mitarbeiter liefert nur noch Minimalleistung ab, die gerade noch eine Fortsetzung des Arbeitsverhältnisses ermöglicht.

Als Ursachen für innere Kündigung sind situationsbezogene (z.B. Arbeitsplatzgestaltung, Zeitdruck, umständliche Arbeitsabläufe) und personale Faktoren (z.B. fehlendes Knowhow, abweichende Zielvorstellungen) zu nennen. Diese Problemfelder stehen regelmäßig im Fokus der Vorgesetztenanalyse. Allerdings übersehen Führungskräfte oft eine Person, die vielfach einen entscheidenden Anteil daran hat, dass ein Mitarbeiter zwar nominell noch im Betrieb anzutreffen ist, tatsächlich jedoch kaum mehr für ihn arbeitet: sich selbst!

Der Weg zur inneren Kündigung

Eigenes Verhalten reflektieren

Es ist sicherlich schwer und auch unangenehm, sein eigenes Führungsverhalten zu durchleuchten und danach zu dem Ergebnis zu gelangen, dass man unbewusst und damit unkontrolliert selbst maßgeblich dazu beigetragen hat, den Leistungswillen des Mitarbeiters zu blockieren. Um die Einsicht in mögliches eigenes fehlerhaftes Führungsverhalten zu erleichtern, werden nachfolgend die sechs Stufen dargestellt, mit denen sich unbeabsichtigt eine Kettenreaktion mit dem ungewollten Ziel „Demotivation" bzw. „Innere Kündigung" vollzieht.

Stufe 1: Vermehrte Kontrollen

Ein gravierender Anlass oder auch sich häufende kleinere Abweichungen lassen beim Vorgesetzten Zweifel an der Leistungsfähigkeit des Mitarbeiters aufkommen. Er sieht sich in der Pflicht, rechtzeitig zu intervenieren und übt daher intensiver seine Führungsaufgabe Kontrolle aus. Dank der ausgeweiteten Kontrollmaßnahmen häufen sich die als Hilfestellung oder Unterstützung gemeinten Korrekturen. In diesem Zusammenhang kann es passieren, dass der in bester Absicht handelnde Vorgesetzte bisher Selbstverständliches anspricht, womit er unbeabsichtigt eine Portion Misstrauen erkennen lässt.

Stufe 2: Weniger Vertrauen

Selbst der Mitarbeiter, der nur mit einem Minimum an Sensibilität ausgestattet ist, nimmt das veränderte Führungsverhalten seines Vorgesetzten wahr. Er merkt, dass sein eigenverantwortliches Handeln eingeschränkt wird, worunter das Vertrauensverhältnis zwischen den Beteiligten leidet. Auch bleibt nicht aus, dass er durch die häufigen Kontrollen an seinen Fähigkeiten zu zweifeln beginnt. Treten Probleme auf, trägt er diese nicht an den Vorgesetzten heran, um nicht noch stärker an den kurzen Zügel genommen zu werden

Stufe 3: Negativer Wahrnehmungsfilter
Durch das Verhalten des Mitarbeiters sieht der Vorgesetzte seine Zweifel bestätigt (er glaubt nunmehr eindeutig zu wissen, einen leistungsschwachen Mitarbeiter vor sich zu haben) und zieht die Kontrollschraube noch stärker an. Es kommt zu einer selektiven Wahrnehmung: Fehler und falsche Verhaltensweisen werden überproportional erkannt, während Erfolge oder gute Ideen fast vollständig ausgeblendet werden. Der Vorgesetzte sieht nur noch das, was er sehen möchte. Die nicht in dieses Bild passenden Aspekte fallen unter den Tisch. Dieser Wahrnehmungsfilter bestätigt eine hinlänglich bekannte Erfahrung:

> Wenn zwei das Gleiche tun, ist es noch lange nicht das Gleiche.

Identische Verhaltensweisen werden bei einem als „Versager" eingeordneten Mitarbeiter (= Problemfall) anders interpretiert als bei einem als „Überflieger", „Leuchtturm" oder „Leistungsheld" erkannten Mitarbeiter (= Leistungsträger).

Die Konsequenz ist, dass der als Versager eingeordnete Mitarbeiter keine herausfordernden Arbeiten zugeteilt bekommt. Das Risiko erscheint zu groß, an den vermeintlich Unzuverlässigen eine anspruchsvolle Aufgabe zu delegieren, da diesem entweder keine oder nur eine geringe Erfolgschance eingeräumt wird. Der Vorgesetzte signalisiert seine Vorbehalte entweder bewusst oder unbewusst über harsche Worte, Gestik, Mimik, Körperhaltung, fehlenden Blickkontakt, Stimmlage etc.

Vom Vorgesetzten beobachtetes Verhalten	Interpretation bei einem „Leistungsträger"	Interpretation bei einem „Problemfall"
Mitarbeiter pflichtet dem Vorgesetzten bei.	Ausgezeichnetes Urteilsvermögen, erkennt die wesentlichen Knackpunkte.	In Ermangelung eigener Überlegungen typischer Ja-Sager, will sich lieb Kind machen.
Mitarbeiter meldet sich zur Übernahme einer schwierigen Aufgabe.	Fühlt sich für das Ganze verantwortlich, liebt die Herausforderung.	Überschätzt als Traumtänzer bei Weitem seine Möglichkeiten. Will sich in den Vordergrund schieben.
Mitarbeiter hilft einem Kollegen.	Uneigennützig, ist sozial eingestellt, hat das Gesamtergebnis des Teams im Blick.	Will Parteigänger gewinnen. Besser wäre es, er würde sich mit größerem Erfolg um seine Aufgaben kümmern. Hat wohl nicht genug zu tun.
Mitarbeiter leistet Mehrarbeit.	Hält sogar auf Kosten seiner Freizeit Termine ein, zeigt Einsatzbereitschaft, man kann immer mit ihm rechnen.	Hat kein effektives Zeitmanagement, setzt Prioritäten falsch, arbeitet umständlich, ist ein „langsamer Brüter".
Mitarbeiter fragt, ob er den Vorgesetzten unterstützen kann.	Zeigt seine Loyalität, erkennt die Zeitknappheit des Vorgesetzten.	Erweist sich mit Kriecherei/Speichelleckerei als typischer „Radfahrer".
Mitarbeiter hat eine Aufgabe erfolgreich erledigt.	Auf ihn kann man sich stets verlassen, was er anfasst hat Hand und Fuß.	Ein blindes Huhn findet auch mal ein Korn, purer Glückstreffer, einmaliger Ausrutscher.
Mitarbeiter übernimmt freiwillig die Organisation eines Betriebsausflugs.	Bemüht sich aktiv um die Verbesserung des Arbeitsklimas.	Wenn er doch nur bei seiner Arbeit so aktiv wäre, alles ist ihm wichtiger als die eigenen Aufgaben.

Stufe 4: Reaktion des Mitarbeiters

Der Mitarbeiter empfängt diese Signale, interpretiert sie und gelangt zu dem Ergebnis, dass der Vorgesetzte ihn nicht mag. Folglich bemüht sich der Mitarbeiter, die von ihm als unangenehm erkannten Kontakte zum Vorgesetzten auf das unbedingt erforderliche Maß zu reduzieren. Er wird seinem Vorgesetzten gegenüber formeller und vorsichtiger, um keine Angriffsflächen zu bieten. Möglicherweise versucht er, sich gegen die Vorhaltungen seines Vorgesetzten abzusichern (z.B. legt er über selbst Alltägliches Aktenvermerke an oder dringt auf schriftliche Anweisungen). Erkennt der Mitarbeiter, dass jegliches Tun kontrolliert und häufig Kritik geübt wird, erlahmt seine Anstrengungsbereitschaft.

Stufe 5: Überreaktionen des Vorgesetzten

Der Vorgesetzte bemerkt, dass ihm der Mitarbeiter aus dem Wege geht und dass ihm hierdurch auch Informationen vorenthalten werden. Er fühlt sich hintergangen und in seiner Vorgesetztenrolle nicht akzeptiert. Seine Frustrationen über den unliebsamen Mitarbeiter steigern sich von Tag zu Tag. Dieser kann machen was er will, gelegentliche Lichtblicke im Verhalten des Mitarbeiters werden überhaupt nicht mehr wahrgenommen oder als unwesentliche Randnotizen abgetan. Selbst kleine Nachlässigkeiten des Mitarbeiters werden zu unverzeihlichen Sünden aufgebauscht. Überreaktionen des Vorgesetzten, die sich bis zu konkreten Mobbinghandlungen („Bossing") steigern können, sind nicht auszuschließen. Allmählich beginnt der Vorgesetzte zu überlegen, auf welchen Wegen er den mittlerweile völlig abgelehnten Mitarbeiter „loswerden" kann.

Stufe 6: Innere Kündigung

Der Mitarbeiter macht nur noch das, was ihm direkt abverlangt wird und keinen Handschlag mehr. Worten wie Motivation, Engagement, Initiative, Verantwortungsbewusstsein, Einsatzbereitschaft oder ähnlichen Begriffen begegnet er mit einem müden Lächeln. Er hat seine innere Kündigung ausgesprochen (der manchmal die Kündigung des Arbeitsverhältnisses seitens des Mitarbeiters folgt).

Der Pygmalion-Effekt

Was ist der Pygmalion-Effekt?

Der dargestellte Teufelskreis lässt sich mit dem 1968 von dem amerikanischen Psychologen Robert Rosenthal entdeckten Pygmalion-Effekt (nach der mythologischen Figur Pygmalion) erklären. Rosenthal testete zu Beginn eines Schuljahrs alle Kinder einer Schule. Dann gab er den Lehrern die Namen einzelner Schüler, die dem Testergebnis zufolge eine „ungewöhnlich gute schulische Entwicklung" nehmen würden. Tatsächlich waren die als „hochbegabt" bezeichneten Schüler nach dem Zufallsprinzip ausgewählt worden. Am Ende des Schuljahres hatten die vermeintlich „Hochbegabten" nach dem Ergebnis eines Schulleistungstests einen großen Vorsprung gegenüber den anderen Schülern. Erklären lässt sich das durch unterschiedliches Verhalten der Lehrer gegenüber den Schülern, von denen sie besonders viel erwarten. Erwiesenermaßen funktioniert der Pygmalion-Effekt auch umgekehrt: So erleiden nach einer Studie des Wissenschaftszentrums Berlin selbst mit guten Deutschkenntnissen ausgestattete Migrantenkinder Misserfolge, wenn Lehrer ihnen gegenüber eine negative Erwartungshaltung aufweisen.

Pygmalion-Effekt im Beruf
Übertragen wir den Pygmalion-Effekt auf die Berufspraxis: Hält ein Vorgesetzter (aus welchen Gründen auch immer) einen Mitarbeiter für leistungsschwach, dann wird dieser über kurz oder lang unabhängig seines tatsächlichen Leistungsvermögens und seiner Fähigkeiten auch leistungsschwach sein oder bleiben. Der Vorgesetzte richtet sein Verhalten nach seinem subjektiven Mitarbeiterbild aus. Damit gibt er

dem Mitarbeiter keine Chance, lässt ihn links liegen, coacht ihn nicht. Die Führungskraft sieht bewusst nur die Verhaltensweisen, die das gefällte negative Urteil bestätigen. Der Rest wird ausgeblendet. Das Ergebnis: Der Mitarbeiter wird oder bleibt leistungsschwach.

Den Pygmalion-Effekt stoppen

Gibt es Möglichkeiten, den geschilderten Teufelskreis zu verlassen und beim Mitarbeiter die Abwärtsspirale nachlassender Leistung zu stoppen?

Zunächst ist Ihnen dringend ans Herz zu legen, sich von Ihren negativen Eindrücken zu lösen. Um mit dem Ablegen der Scheuklappen zu beginnen, hilft es, in einer ruhigen Stunde zehn Stärken des negativ beurteilten Mitarbeiters zu notieren. Möglicherweise bedeutet diese Aufgabe für Sie ein hartes Stück Arbeit – aber diese Arbeit wird Früchte tragen: Schnell werden Sie bemerken, dass Sie nach dieser Veränderung des Blickwinkels (die nicht unbedingt leicht ist) eher zu einer Revision Ihrer negativen Einschätzung bereit sind. Plötzlich erkennen Sie, dass auch der „schwache" Mitarbeiter Stärken aufweist, die für die tägliche Aufgabenerledigung und Zusammenarbeit Gewinn bringend genutzt werden können.

Blickwinkel verändern

Nach dieser Vorarbeit, bei der Sie vermutlich gründlich nachdenken mussten (bei einem Leistungträger sähe es völlig anders aus: Sie könnten vermutlich kaum so schnell schreiben, wie Ihnen Stärken des Mitarbeiters einfielen), sollten Sie zur Tat schreiten. Sprechen Sie den Mitarbeiter ohne drohenden Zeigefinger auf sein vermindertes Leistungsverhalten an, nennen Sie hierbei konkrete Beobachtungen. Das Risiko eines Fehlschlags ist gering, denn bei der verfahrenen Situation kann es schlimmer kaum mehr werden.

Mitarbeiter ansprechen

Sie sollten von Gesprächsbeginn an das Ziel im Auge behalten, die Reserven des ehemals produktiven Mitarbeiters zu

Systematische Vorgehensweise

reaktivieren und aus einem ins Abseits Getretenen wieder ein in das Zentrum des Geschehens gerückten engagierten Mitarbeiter zu machen. Mit einer systematischen Vorgehensweise, die diese Zielrichtung berücksichtigt, werden die Weichen in Richtung Erfolg gestellt:

Schritt 1: Gesprächseröffnung
Für den Mitarbeiter wird das von Ihnen initiierte Gespräch stressbesetzt sein. Denn auch er hat unter seinem Eindruck des Pygmalion-Effekts in letzter Zeit ein durchweg negatives Bild von Ihnen wahrgenommen. So mag er Sie als unsachlich, rechthaberisch, ungerecht, nachtragend oder autoritär einschätzen. Bleibt es bei den hieraus resultierenden Spannungen (z.B. Angst vor Ihrem Machtanspruch, Angst vor harter Kritik, Angst, wieder als Verlierer vorgeführt zu werden), steht das Gespräch unter einem schlechten Stern. Soll eine normale Zusammenarbeit wieder hergestellt werden, legen Sie besonderen Wert auf einen gut vorbereiteten Gesprächseinstieg. Es soll eine zwischenmenschliche Atmosphäre erzeugt werden, in der sich der Mitarbeiter nicht an den Pranger gestellt fühlt.

Sie könnten das Gespräch mit folgenden Sätzen beginnen:

„Herr ..., mir sind in letzter Zeit einige Dinge aufgefallen, über die ich gern in Ruhe mit Ihnen sprechen möchte (Es folgt die Darstellung der Beobachtungen). Hieraus hat sich bei mir der subjektive Eindruck verfestigt, dass Ihnen Ihre Arbeit keinen Spaß macht oder Ihr Aufgabengebiet Ihnen nicht mehr zusagt. Auch habe ich das Gefühl, dass unser Verhältnis zueinander nicht spannungsfrei ist. Das finde ich sehr betrüblich, nicht nur für die Firma und für mich, sondern vor allem für Sie. Wenn ich mir vorstelle, dass Sie noch X Jahre ohne Freude mit eingeschränktem Einsatz Ihre tägliche Arbeitszeit absitzen und damit auch Ihre Lebensqualität vermindern, schaudert es mich. Sicherlich gehörten Sie früher zu den aktiven und motivierten

Mitarbeitern. Vermutlich hat es aber in der Vergangenheit Dinge gegeben, die bei Ihnen Frustrationen auslösten. Möglicherweise habe ich selbst ungewollt hierzu beigetragen. Lassen Sie uns bitte darüber reden, damit ich das alles besser verstehen kann (an dieser Stelle sollten Informationen vom Mitarbeiter eingeholt werden, ohne diese zu bewerten).
Nun, das Geschehene kann niemand mehr rückgängig machen. Schauen wir besser gemeinsam in die Zukunft. Was lässt sich aus Ihrer Sicht tun, damit Sie morgens wieder gern zur Arbeit kommen und Ihnen Ihre Arbeit wieder Freude bereitet?"

Mit dieser Einleitung wird das anstehende Problem klar und verständlich angesprochen und nicht um den heißen Brei herumgeredet. Da der Gesprächseinstieg positiv gehalten ist, ermöglicht er eine vertrauensvollere und offenere Kommunikation.

Schritt 2: Gemeinsame Analyse der tatsächlichen Ursachen für die Leistungsschwäche
Im Vorfeld anvisierter Verbesserungen ist zunächst eine Ist-Analyse vorzunehmen. Es sollen die Aspekte transparent gemacht werden, die zu der Leistungsverschlechterung maßgeblich beitrugen. Schuldzuweisungen oder ein „Blick zurück im Zorn" sollten unbedingt unterbleiben. Gleiches gilt für eine intensive Ursachenforschung nach dem Motto „Wie hat es angefangen?", da hierbei Vorwürfe mitschwingen, die den trennenden Graben zwischen den Gesprächsparteien nur noch vertiefen.

Sie sollten in dieser Gesprächsphase sechs Fragen gemeinsam mit dem Mitarbeiter erörtern:

Wichtige Fragen

1. Ist für die Leistungsverschlechterung ein **Weiß-nicht-Problem** ursächlich?
2. Ist für die Leistungsverschlechterung ein **Kann-nicht-Problem** ursächlich?

3. Ist für die Leistungsverschlechterung ein **Will-nicht-Problem** ursächlich?
4. Ist für die Leistungsverschlechterung ein **Darf-nicht-Problem** ursächlich?
5. Ist für die Leistungsverschlechterung ein **persönliches Problem** ursächlich?
6. Ist für die Leistungsverschlechterung ein **kombiniertes Problem** ursächlich?

Wichtig ist das Ergebnis: Durch die Beschäftigung mit den Fragen kommen Sie gemeinsam den wirklichen Ursachen, die zu der verfahrenen Situation geführt haben, auf den Grund.

Schritt 3: Festlegen von Maßnahmen zur Leistungsverbesserung
Wenn bekannt ist, welche Problemart die Leistungsverschlechterung ausgelöst hat, sind nun Therapien ins Auge zu fassen, die eine nachhaltige Verbesserung herbeiführen sollen.

Schulung/ Information   Bei einem **Weiß-nicht-Problem** ist zunächst an Schulungen zu denken. Neben Seminaren ist auch das regelmäßig kostengünstigere Learning by Doing (z.B. in Form von Projektarbeit, Sonderaufträgen, Delegation) zu beachten. Auch die Bereitstellung bzw. der Hinweis auf wesentliche Informationen kann ein Weiß-nicht-Problem lösen.

Training   Das **Kann-nicht-Problem** wird offenkundig, wenn das erforderliche Wissen zwar vorhanden ist, aber nicht oder nur fehlerhaft in die Praxis umgesetzt wird. Oft mangelt es hier an praktischer Übung und Erfahrung. Hier helfen Trainingsmaßnahmen, in denen das gewünschte Verhalten regelmäßig und systematisch geübt wird.

Motivation   Beim **Will-nicht-Problem** begegnet uns ein wissender und könnender Mitarbeiter, der gegenwärtig für seinen Aufgabenbereich nicht die erforderliche Motivation aufweist. Hier sind Ihre Fähigkeiten als Motivator gefragt (siehe Seite 203).

Ein **Darf-nicht-Problem** beschneidet den Mitarbeiter in seinen Handlungsmöglichkeiten. Speziell der als leistungsschwach eingestufte Mitarbeiter sieht sich mit einem ihn beinahe entmündigenden Führungsstil seines Vorgesetzten konfrontiert. Ihm werden Kompetenzen aberkannt, er wird von interessanten und fordernden Arbeiten ausgenommen, Unterschrifts- und Vertretungsbefugnisse werden widerrufen usw. Die Aufhebung dieser diskriminierenden Einengungen beseitigt demotivierende Darf-nicht-Probleme.

Organisatorische Veränderungen

Persönliche Probleme stellen regelmäßig einen eklatanten Störfaktor dar, der zunehmend belastet und die Lebensqualität des Betroffenen vermindert. Sie werden kaum über umfangreiche Möglichkeiten der Hilfestellung verfügen. Auch den Versuch, dem Mitarbeiter als Amateur-Therapeut zur Seite zu stehen oder für ihn aufgetretene Probleme zu lösen, sollten Sie nicht weiter verfolgen. Einerseits fehlt im Regelfall die erforderliche Qualifikation, andererseits wird der Mitarbeiter zur Unselbstständigkeit ermutigt. Dennoch sollten Sie sich dieser Situation nicht verschließen, sondern dem Mitarbeiter anbieten, als „Klagemauer" zur Verbesserung der allgemeinen seelischen Funktionsfähigkeit zur Verfügung zu stehen. Oft stellt sich beim Mitarbeiter schon eine befreiende Wirkung ein, wenn er einem verständnisvollen Zuhörer sein Herz ausschütten konnte, ohne dass seine Aussagen sogleich mit persönlichen oder moralischen Urteilen bewertet werden (siehe Seite 93). Sie sollten mit dem Mitarbeiter Realisierungsmöglichkeiten erörtern, von denen eine Verbesserung der Verhältnisse erwartet werden kann.

Vertrauensvolle Gesprächsführung

Schritt 4: Künftiges Verhalten zur Vermeidung von Rückfällen vereinbaren

Wenn Verbesserungswege erörtert und Konkretes besprochen wurde, gibt es für Sie keinen Grund mehr, gegenüber dem Mitarbeiter negative Gefühle mit sich herumzutragen. Weiter über sein vergangenes Verhalten zu lamentieren wäre unangebracht und kontraproduktiv! Spätestens jetzt sollten Sie von den bisherigen Frustrationen ablassen! Da Ihnen der Mechanismus des Pygmalion-Effekts bekannt ist, bemühen Sie sich um eine realistische Betrachtungsweise. Sollte sich für die Beteiligten ein Handlungsbedarf ergeben, ist dieser unmissverständlich zu besprechen und auf eine zeitnahe Umsetzung zu dringen.

Schritt 5: Positiver Gesprächsabschluss

Dass Sie sich nach einem konstruktiven Gespräch zum Schluss beim Mitarbeiter für dessen Mitwirkung bedanken, muss selbstverständlich sein. Nach dem Gespräch darf sich kein Beteiligter als Sieger oder Verlierer fühlen. Beide Seiten sollten letztlich das Gefühl haben, durch das Gespräch etwas gewonnen zu haben.

Auf den Punkt gebracht

Die Aussage „Jeder Chef hat die Mitarbeiter, die er verdient" findet in dem Pygmalion-Effekt seine Bestätigung. Vorgesetzte beeinflussen sehr häufig durch eigenes Verhalten, ob ein Mitarbeiter als „Minimalist" oder als „Maximalist" die Zeit im Betrieb verbringt. Schon der Wechsel Ihres Blickwinkels kann zu neuen Erkenntnissen sowie Verhaltensänderungen führen. Indem Sie anschließend einen Neuanfang wagen, besteht eine gute Chance, die verfahrene Situation erfolgreich zu verändern.

39. Mitarbeiter steht Weiterbildungs-maßnahmen skeptisch bis ablehnend gegenüber

Zeigt ein Mitarbeiter wenig Interesse an seiner beruflichen Weiterbildung, stehen Sie in der Pflicht, ihn intensiv auf die Notwendigkeit des lebenslangen Lernens hinzuweisen. Führen Sie ihm vor Augen, dass er es mit seinen Weiterbildungsbemühungen selbst in der Hand hat, seinen Arbeitsplatz zu sichern beziehungsweise erforderlichenfalls schneller in eine andere Tätigkeit zu wechseln.

Mit einer Vielzahl „plausibler" Gründe werden von bildungsunwilligen Mitarbeitern Weiterbildungsbemühungen beiseitegeschoben. Bei näherem Nachforschen lassen sich jedoch häufig Faulheit, Lernunwilligkeit, Bequemlichkeit, Unsicherheit oder ein schwaches Selbstvertrauen erkennen. Es mag triftige Gründe geben, die in der Person des Mitarbeiters oder seines familiären Umfelds liegen und die eine Teilnahme an Weiterbildungsmaßnahmen nicht erlauben. Sie sollten aber die Ausnahme bilden. Ist der Mitarbeiter trotz Ihrer Hinweise für Weiterbildungen nicht zu gewinnen, darf er später nicht überrascht sein, wenn sein Arbeitsplatz in Gefahr gerät oder er bei Beförderungen übergangen wird.

Faulheit, Unsicherheit und Co.

Förderungsmaßnahmen
Unternehmen nutzen häufig drei Möglichkeiten, um Betriebsangehörige zu entwickeln und zu fördern, sie zu qualifizieren.

1. Teilnahme an Weiterbildungsmaßnahmen
In offenen Bildungsmaßnahmen („zusammengewürfelte" Teilnehmer aus unterschiedlichen Betrieben) bemühen sich Dozenten und Trainer nach Kräften, Theorie und Praxis miteinander zu verbinden. Ein Seminarleiter wird sich regelmäßig auf allgemeingültige Aussagen beschränken, sodass

Schulbank drücken

zwar alle Anwesenden einen Lernerfolg verbuchen können, indes kaum ein Teilnehmer zu einer arbeitsplatzadäquaten Lösung seiner Probleme gelangt.

Hieraus resultiert aus betrieblicher Sicht ein stark wachsendes Interesse an firmenbezogener Weiterbildung „vor Ort" mit internen oder externen Seminarleitern. Maßgeschneiderte Bildungskonzepte werden unter Berücksichtigung konkreter betrieblicher Situationen und Problemstellungen durchgeführt. Zwar wird hierbei Weiterbildung problemorientierter und prozessnäher praktiziert als in offenen Seminaren, dennoch lässt sie sich kaum auf die individuellen Möglichkeiten und Fragestellungen des einzelnen Mitarbeiters zuschneiden.

2. Betriebliche Unterweisung

Learning by Doing Die Unterweisung am Arbeitsplatz kann hocheffizient sein. Was durch das Selbertun erlernt wird, bleibt über lange Zeit im Gedächtnis des Mitarbeiters haften. Die täglichen Arbeitsvorgänge am Arbeitsplatz dienen als Trainingsmittel. Da ein direkter Bezug zur aktuellen Tätigkeit gegeben ist, treten nur geringe Transferverluste auf. Ziel der betrieblichen Unterweisung ist die richtige, selbstständige, gewissenhafte, fehlerfreie, unfallsichere und schnelle Ausführung der dem Arbeitsplatz zugeordneten Aufgaben bei verbesserter Qualität, einheitlichen Arbeitsmethoden sowie vermindertem Energie-, Material- und Werkzeugeinsatz.

4-Stufen-Methode Führen Sie die Unterweisung am Arbeitsplatz durch, sollten Sie die wohl bedeutendste systematische Unterweisungsmethode einsetzen, die TWI-Methode (Training within industry):

Stufe 1: Sie bereiten die Unterweisung vor.
Stufe 2: Sie machen vor, erklären Ihr Tun, zeigen und erläutern.

Stufe 3: Sie lassen nachmachen und geben Korrekturen.
Stufe 4: Sie lassen allein weiterarbeiten und kontrollieren die Ergebnisse.

3. Job rotation

Hier werden Aufgaben zwischen verschiedenen Mitarbei- **Tätigkeitswechsel**
tern gewechselt, sodass jeder im Wechsel die Tätigkeit kurzfristig ausübt. Ziel dieser Personalentwicklungsmaßnahme
ist die Erweiterung des Blickwinkels des Mitarbeiters sowie
seines Einsatzspektrums. Da die wechselnden Aufgaben auf
gleicher oder vergleichbarer organisatorischer Ebene angesiedelt sind, steht die Ausweitung des quantitativen Potenzials des Mitarbeiters im Vordergrund und nicht die Förderung
des Mitarbeiters über bisher gezeigte Grenzen hinaus.

Die Qualität einer Führungskraft lässt sich auch an der zu-
nehmenden Qualifizierung ihrer Mitarbeiter ablesen: Er-
folgsorientierte Vorgesetzte ermutigen ihre Mitarbeiter und
ermöglichen ihnen Qualifizierungen, die für aktuelle und
künftige Aufgaben benötigt werden.

Auf den Punkt gebracht

Erfolgreiche Unternehmen benötigen nicht nur moderne Anlagen
und Produktionsmethoden, sondern sie sind existenziell auf Mitarbeiter angewiesen, die den Anforderungen der Gegenwart und vor
allem auch der Zukunft gewachsen sind. Sollen erforderliche Anpas-
sungs- und Veränderungsprozesse schnell und effizient durchgeführt werden, ist jeder Vorgesetzte auf qualifizierte und motivierte
Mitarbeiter angewiesen, die ohne Scheuklappen bereit sind, sich für
ihren Bereich zu engagieren.
Sie schließen sich diesem notwendigen Trend an und sorgen für eine kontinuierliche Aktualisierung und Ausweitung des Know-hows
sowohl bei sich selbst als auch bei Ihren Mitarbeitern!

40. Mitarbeiter trifft in seinem Bereich keine oder nur sehr zögerlich Entscheidungen

Wer kennt nicht den in Glossen, Comics und Witzen charakterisierten entscheidungsschwachen Menschen, der sich den Ausspruch von Karl Valentin „Mögen hätt ich schon wollen, aber dürfen hab ich mich nicht getraut" auf die Fahne geheftet hat?

Mit dem Hinausschieben von Entscheidungen rauben sich diese Menschen nicht nur selbst Energie, sondern bereiten sich zusätzlich auch noch schlaflose Nächte. Es mag im Einzelfall richtig sein, eine Entscheidung „überschlafen" zu wollen. Wer dies jedoch übertreibt, hat möglicherweise mit Alpträumen zu kämpfen und verschläft gar die Entscheidung.

Liegenlassen ist keine Problemlösung

Hofft der Entscheidungsschwache, die Entscheidung würde sich durch konsequentes Liegenlassen von selbst erledigen, verspielt er das für eine gute Zusammenarbeit überaus wichtige Vertrauen seiner Umgebung. Wird dann endlich – nach einer längeren Phase des Stillstands, nach vielem Grübeln und unter großen Bauchschmerzen – eine oft nur halbherzige Entscheidung getroffen, kann es geschehen, dass der Zug schon längst abgefahren ist.

Weshalb Entscheidungsschwäche?

Was ist der vorrangige Grund für Entscheidungsschwäche? Da jede Entscheidung in die Zukunft wirkt und von daher immer mit einem Risikofaktor behaftet ist, werden Entscheidungen nicht oder nur sehr zögerlich getroffen. Eine Garantie, das Richtige zu entscheiden, gibt es nicht. Genauso wenig wie die Gewissheit, dass es nur eine einzige perfekte Lösung gibt. Entscheidungen zu treffen bedeutet auch, häufig zu experimentieren, was auch Fehlentscheidungen zur Folge haben kann.

Probleme werden größer

Geht der Mitarbeiter ihm obliegenden Entscheidungen aus dem Weg, lädt er sich zusätzliche Schwierigkeiten auf: Große

Probleme waren einmal kleine Probleme, die nicht rechtzeitig angepackt, nicht ernst genommen und beiseite geschoben oder verdrängt wurden. Spätestens dieser Gesichtspunkt sollte entscheidungsschwache Mitarbeiter animieren, schneller und häufiger zu entscheiden.

Umgang mit Entscheidungsschwäche

Sicherlich wäre es sträflich, Entscheidungen Hals über Kopf zu treffen. Jeder Entscheider steht in der Pflicht, auf der Grundlage vorliegender Sachinformationen verschiedene Alternativen zu erarbeiten sowie mögliche Risiken und Konsequenzen zu bedenken. Hier sollte er nicht den Weg des geringsten Widerstands gehen und sich mit Standardlösungen begnügen, weil diese den Kern des zu lösenden Problems kaum vollständig treffen.

Überlegt entscheiden

Um das Entscheidungsrisiko zu vermindern, sollten keine einsamen Entscheidungen „im stillen Kämmerlein" und „aus dem Bauch heraus" getroffen werden. Der Mitarbeiter ist gut beraten, wenn er zusätzlich das Potenzial zugeordneter Mitarbeiter oder der Kollegen einbezieht. Indem er das Knowhow weiterer Personen abruft und für die Entscheidung nutzt, folgt er dem Laserstrahl-Prinzip: Bündelung der Energien!

Energien bündeln

Der Heilige Benedikt stellte bereits vor 1500 Jahren eine Regel auf, die in übertragenem Sinne auch in der Gegenwart Gültigkeit besitzt: „Der Abt soll die Angelegenheit vortragen, den Rat der Brüder anhören und dann entscheiden." Dieser Grundsatz sollte besonders dann beachtet werden, wenn die Beteiligten die Entscheidung anschließend umsetzen sollen. Werden Mitarbeiter vor vollendete Tatsachen gestellt, schalten sie schnell auf stur. Je intensiver sie jedoch am Willenbildungsprozess beteiligt werden, desto eher erkennen sie eine Entscheidung an. Selbst wenn eine Entscheidung nur in einem unwesentlichen Teilbereich vom Arbeitnehmer miterarbeitet wurde, identifiziert er sich mit der Gesamtlösung und setzt sich für deren erfolgreiche Durchführung ein.

Durch das Einbeziehen Dritter werden Entscheidungen nicht übers Knie gebrochen und es werden die Volksweisheiten „Erst denken – dann handeln" und „Vier Augen sehen mehr als zwei" beachtet.

Richtig oder falsch entschieden?

Welche Ergebnisse lassen sich nach einer getroffenen Entscheidung feststellen?

- Die Entscheidung erweist sich als richtig. Dass der Entscheider anschließend nicht nur mit stolzgeschwellter Brust herumläuft, sondern den im Vorfeld der Entscheidung Beteiligten eine positive Rückmeldung gibt, sollte selbstverständlich sein.
- Die Entscheidung erweist sich als falsch oder fehlerhaft. Dies mag zwar im ersten Moment ärgerlich sein. Dennoch geht die Welt nicht unter, sodass dieser Fauxpas gelassen hingenommen werden sollte. Diese auf den ersten Blick negative Situation enthält einen positiven Aspekt: Immerhin kann aus diesem Dilemma gelernt und der erkannte Fehler künftig vermieden werden. Auch sollte bedacht werden, dass sich die eine oder andere Fehlentscheidung nachträglich noch revidieren lässt.

Beide Varianten sind stets besser, als zu versuchen, sich vor Entscheidungen zu drücken. Dies kann nicht gelingen, denn der amerikanische Psychologe William James brachte es auf den Punkt:

> „Wenn du eine Entscheidung treffen musst und du triffst sie nicht, ist das auch eine Entscheidung."

Mit anderen Worten: Drückt sich ein Arbeitnehmer vor einer Entscheidung, entscheiden andere Menschen für ihn! In diesem Fall sind dem Entscheidungsvermeider Einflussmöglichkeiten entzogen, er kann nur noch reagieren.

Auf den Punkt gebracht

Sie werden Ihren Mitarbeiter immer wieder auffordern, die in seinem Arbeitsbereich erforderlichen Entscheidungen zeitgerecht zu treffen. Zeigen Ihre wohlgemeinten Ermahnungen erste positive Reaktionen, bestätigen Sie ihn mit redlich verdienter Anerkennung. Ihr Mitarbeiter erlebt hautnah das erleichternde Gefühl, das eintritt, nachdem die Last einer als bedrohlich empfundenen Entscheidungssituation von ihm abgefallen ist. Künftig wird er besser mit der Herausforderung fertig werden, zeitnah akzeptable Entscheidungen zu treffen.

41. Mitarbeiter neigt zu innerer Kündigung statt zu motiviertem Arbeiten

Gegenwärtig zeigt sich in den westlichen Industriegesellschaften ein Rückgang an Pflicht- und Akzeptanzwerten und ein gleichzeitiger Anstieg an Selbstentfaltungswerten, der sich vor allem in der Freizeitzuwendung der Bürger widerspiegelt. Traditionell hochgelobte deutsche Arbeitstugenden treten in den Hintergrund und werden durch andere Wunschvorstellungen ersetzt. Als Ursachen dieses Wertewandels sind unter anderem zu nennen:

- ▧ Durch neue Technologien sich wandelnde Arbeitsplätze und -inhalte.
- ▧ Ein tiefgreifender Umbruch gesellschaftlicher Strukturen, weg von der Industriegesellschaft und hin zur Dienstleistungsgesellschaft.

- Auflösung des Berufsethos (der Beruf verliert zunehmend die Aura von „Berufung" und macht verstärkt dem Jobdenken Platz).
- Erziehungsideale und -methoden haben sich geändert, was zur Folge hat, dass junge Menschen über ein größeres Selbstbewusstsein als frühere Generationen verfügen.
- Der Bildungsgrad der Bevölkerung ist gestiegen.
- Beeinflussung durch die Medien, deren durchschnittliche Nutzungsdauer stetig angestiegen ist.
- Negative Bewertung zahlreicher Tätigkeiten, mit der eine mangelhafte gesellschaftliche Anerkennung einhergeht.

Veränderte Bedürfnisse Die Wünsche der Berufstätigen konzentrieren sich immer stärker auf die Art der Arbeit, auf die Freizeit und den weiteren Umkreis der Lebensgestaltung. Jahrhundertelang akzeptierte Normen wie „Pflichterfüllung", „Leistung", „Disziplin", „Anpassung" oder „Fleiß" verlieren ihr Gewicht zu Gunsten von „Kreativität", „Autonomie", „Partnerschaft", „Spaß" und „Vergnügen". Werden mit der Berufstätigkeit diese in den Vordergrund drängenden Bedürfnisse nicht ansatzweise befriedigt, wird Arbeit zunehmend als ungeliebtes und notwendiges Übel, als „Maloche" und „Fron" empfunden.

Die innere Kündigung

Wer kennt nicht die von Johann Wolfgang von Goethe zu Papier gebrachten unsterblichen Worte des Götz von Berlichingen, des Ritters mit der eisernen Hand: „Er aber, ... er kann mich im Arsch lecken." Insgeheim würde das mancher Berufstätige seinem Vorgesetzten liebend gern bestellen wollen. Da erfahrungsgemäß das Echo hierauf nicht lange auf sich warten lassen würde, verkneift man sich diese provokative Äußerung und kündigt innerlich. Der Arbeitsplatz soll nicht aufs Spiel gesetzt werden, deshalb ist man körperlich noch anwesend. Innerlich hat sich der Arbeitnehmer weitgehend vom Arbeitsgeschehen distanziert, während er äußerlich

zwar immer noch irgendwie mitspielt, um nicht arbeitsrecht-
lich aufzufallen. Er ist nur noch bereit, das unbedingt Notwendige zu tun, darüber hinaus versagt er sich jeden Energieeinsatz für das Unternehmen. Er hat sich entschlossen,
nicht zu kündigen, sondern fortan ein Leben als Minimalist
zu führen und seine Lebenserfüllung außerhalb des Betriebes zu suchen.

Diese Leistungszurückhaltung wird umschrieben als **Umschreibungen**
- resignative Zufriedenheit,
- freizeitorientierte Schonhaltung,
- lautloser Rückzug,
- innere Emigration,
- Flucht in die Freizeit,
- Selbstpensionierung,
- innerer Vorruhestand,
- Dienst nach Vorschrift, bewusster Selbstverzicht auf Engagement und Eigeninitiative
und entspricht der „Volksmundweisheit": Arbeit ist die Wür-
ze des Lebens – darf also nur mäßig genossen werden!

Vielfältige Signale weisen auf eine innere Kündigung hin: **Signale**
- Sachliche Auseinandersetzungen mit Vorgesetzten unterbleiben. Sind sie dennoch unumgänglich, wird Widerspruch nur halbherzig angemeldet und schnell fallengelas-
  sen, um der Auffassung des Vorgesetzten beizupflichten.
- Die Arbeitsqualität sinkt und das Arbeitsvolumen vermindert sich (es wird nur noch „auf Sparflamme" gearbeitet).
- Unzulänglichkeiten im Unternehmen werden kommentarlos hingenommen („Sollen doch die anderen den
  Mund auftun").
- Es ist kein Interesse an Auseinandersetzungen erkennbar,
  es herrscht Pseudoharmonie.
- Man hält sich strikt an die Regelarbeitszeit und opfert beruflichen Verpflichtungen darüber hinaus keine Minute.

- Es besteht keine Bereitschaft bei ungewöhnlichen Situationen einzuspringen oder Kollegen zu helfen.
- Freiräume während der Arbeitszeit werden für persönliche Belange ausgeschöpft.
- Klammheimlich werden Arbeitspausen ausgedehnt.
- Ein allgemeines Desinteresse nach der Devise „Jeder ist sich selbst der Nächste" greift um sich.

Der Minimalist – ein Betrüger

Fazit: Der innerlich gekündigte Mitarbeiter ist auf den ersten Blick zumeist pflegeleicht und angenehm im Umgang. Zugleich ist er aber auch Betrüger: Er betrügt den Arbeitgeber um den Teil seiner Arbeitskraft, der zwar bezahlt wird, den er aber in seine Berufstätigkeit nicht einbringt!

Klassische Führungsfehler

Oft genug hängt das Engagement der Mitarbeiter ganz wesentlich von der inneren Einstellung des Vorgesetzten zu seinen Mitarbeitern ab. Mit seinem Führungsstil prägt er das Klima innerhalb seines Wirkungskreises. Wenn es um die Aufzählung von Verhaltensfehlern bei Vorgesetzten geht, wollen wir uns auf wenige, dafür aber häufig zu beobachtende klassische Führungsfehler beschränken:

- Mitarbeiter werden vom vielschichtigen Prozess der betrieblichen Meinungs- und Willensbildung ausgeschlossen.
- Mitarbeiter werden selbst beim Festlegen von Zielen für den eigenen Arbeitsbereich nicht einbezogen.
- Mitarbeiter sollen mit Elan und Begeisterung einsam vom Vorgesetzten getroffene Entscheidungen ausführen, ohne die Beweg-/Hintergründe zu kennen und einen Sinn in dem ihnen abverlangten Handeln zu sehen.
- Das Informationsverhalten ist unzulänglich, weil der Vorgesetzte Informationen als „Herrschaftsmittel" nur zögerlich an Mitarbeiter weitergibt.
- Mangelnde Gesprächsbereitschaft des Vorgesetzten bewirkt Distanz zu den Mitarbeitern.

- Der Vorgesetzte greift ohne Not in die Zuständigkeitsbereiche der Mitarbeiter ein.
- Mitarbeitern wird kein Vertrauensvorschuss entgegengebracht, sodass intensives Kontrollieren demotivierend wirkt.
- Das Führungsmittel Kritik wird fehlerhaft eingesetzt, womit Arbeitsfreude und -leistung negativ beeinflusst werden.
- Vorgesetzte sind nicht bereit, das lebenswichtige Vitamin „Anerkennung" zu verabreichen.

Motivatoren gegen die innere Kündigung

Was können Sie tun, damit aus einem Minimalisten ein Maximalist wird, also ein Mitarbeiter, der seiner Arbeit und seinem Betrieb wieder voll zur Verfügung steht? Vorrangig sollten Sie Ihr Augenmerk darauf richten, dass Mitarbeiter ihre psychologischen Bedürfnisse sowie Bedürfnisse nach Selbstentfaltung mit der Berufstätigkeit realisieren können.

Vom Minimalisten zum Maximalisten

Von diesen als Motivatoren (oder auch Anspornfaktoren oder Zufriedenheitssteigerer) bezeichneten Bedürfnissen geht eine dynamische, immer wiederkehrende positive Spannung aus, weil sie das Erlebnis von Anerkennung, Erfolg, Selbstbestätigung und Selbstverwirklichung hervorrufen. Die damit einhergehende Faszination führt dazu, dass wir in einer Sache aufgehen, um uns Zeit und Raum vergessen und auch Schwierigkeiten überwinden, denn „wo ein Wille ist, ist auch ein Weg".

Mit welchen Motivatoren lässt sich bei Mitarbeitern Leistung und Arbeitszufriedenheit steigern? Hier sollten Sie vorrangig an folgende Aspekte denken:

Wichtige Motivatoren

- Selbstwertbestätigung beim Mitarbeiter durch Erfolgserlebnisse. Das Selbstwertgefühl wird mit der erfolgreichen Lösung einer anspruchsvollen Aufgabe verstärkt, ein Bedeutungsgewinn erzielt. Der erzielte Erfolg erhöht zudem den Selbstverpflichtungscharakter für die Bewältigung zukünftiger Aufgaben, sodass hohe Qualitäts- und Leistungsstandards auch dann beibehalten werden, wenn äußere Zwänge wegfallen. Schließlich wiederholen wir gern Handlungen, die uns weitere Erfolgserlebnisse vermitteln, denn „Erfolg macht süchtig"!

- Aufrichtige und verdiente Anerkennung für eine gezeigte Leistung.

- Möglichkeiten persönlicher Entwicklung (Freude daran, mit einer beständig schwieriger werdenden Aufgabe mitzuwachsen, Zuwachs an Wissen und Erfahrung).

- Herausforderung durch eine ansprechende und den Mitarbeiter fordernde (aber weder unter- noch überfordernde) Tätigkeit, also die „Arbeit selbst".

- Mit der Delegation von Aufgaben an Mitarbeiter muss auch eine Zuweisung von Kompetenzen und eine Übertragung von Verantwortung einhergehen. Mit dieser Verantwortungserweiterung erhält der Mitarbeiter die Chance, die eigene Persönlichkeit zur Geltung zu bringen. Diese Aufwertung spornt Mitarbeiter verstärkt zum Mitdenken und Mithandeln an und hilft sogar, Ausfallzeiten zu reduzieren.

> **Sie merken: Motivatoren sind die effektivsten Waffen im Kampf gegen die innere Kündigung.**

Voraussetzung für Erfolg

Mit den dargestellten Motivatoren, die letztlich keinen Pfennig kosten, sondern Ihnen lediglich ein überlegtes und sensibles Vorgehen abverlangen, wirken Sie der inneren Kündigung entgegen. Die Arbeitsmoral Ihrer Mitarbeiter verbessert sich und die Arbeitsfreude steigt. Der Erfolg versprechende Einsatz von Motivatoren setzt allerdings voraus, dass grundlegende menschliche Bedürfnisse (physische Grundbedürfnisse, Bedürfnisse nach Sicherheit sowie soziale Bedürfnisse) zufrieden stellend befriedigt sind.

Verbessert sich das Leistungsverhalten Ihres Mitarbeiters trotz Ihrer intensiven Bemühungen nicht, können Sie einem ernsthaften Gespräch mit dem innerlich gekündigten Mitarbeiter nicht mehr ausweichen. Sie werden Ihm erklären, dass er in Ihrem Unternehmen nicht ehrenamtlich tätig ist, sondern gegen Bezahlung. Die Entlohnung bezieht sich nicht auf seine Anwesenheit, sondern vor allem auf die Ergebnisse seiner Arbeit. Sie verdeutlichen, dass es keine Toleranz gegenüber Leistungszurückhaltung bzw. Faulheit gibt. Ist Ihr Mitarbeiter nicht gewillt, sich hierauf einzustellen, sollte er konsequenterweise von sich aus das Unternehmen verlassen bzw. sich nicht wundern, wenn der Arbeitgeber eine Trennung in Betracht zieht.

Was tun, wenn Motivatoren nicht wirken?

Auf den Punkt gebracht

Um den ehemals produktiven Mitarbeiter zu reaktivieren, ihn aus dem freiwilligen Abseits zu holen und ihn wieder zu einem engagierten Mitarbeiter im Zentrum des Geschehens zu machen, bieten Sie ihm Motivatoren an. Diese erhöhen das Maß an Zufriedenheit, vergrößern die Arbeitsfreude und heben allmählich die innere Kündigung auf. Dem Mitarbeiter wird wieder bewusst, dass seine Arbeit ein wichtiger Bestandteil seines Lebens ist und dass seine positive Einstellung zur Berufstätigkeit auch auf die übrigen Lebensbereiche überstrahlt und letztlich zur Erhöhung seiner Lebensqualität beiträgt.

42. Mitarbeiter streut als informeller Führer Sand ins Getriebe

Die betriebliche Zusammenarbeit bringt es mit sich, dass in einer Arbeitsgruppe Beziehungen aufgebaut werden, die dazu führen können, dass ein Gruppenmitglied von den anderen vorrangig anerkannt wird. Die Mehrzahl der Gruppenmitglieder entwickelt zu dieser Person ein besonderes Vertrauensverhältnis. Die übrigen Mitarbeiter richten sich in ihrem Verhalten an diesem Gruppenmitglied aus, das als informeller Führer gilt. Der informelle Führer „hat das Sagen" in der Gruppe.

Autoritätsdefizit beim Vorgesetzten

Generell kann festgehalten werden, dass informelle Führer sich dann herauskristallisieren, wenn der Vorgesetzte im fachlichen und/oder im persönlichen Bereich Defizite aufweist und damit nur über eine eingeschränkte Autorität verfügt. Der von den Gruppenmitgliedern erkannte Freiraum im Führungsgeschehen wird vom informellen Führer ausgefüllt.

Während der Vorgesetzte dem Betrieb gegenüber für eine optimale Aufgabenerledigung verantwortlich ist, kann der informelle Führer diesen Gesichtspunkt bei seinem Handeln vernachlässigen. Damit lassen sich sogar populäre Kontra-Positionen zum Vorgesetzten aufbauen und vertreten. Konflikte werden dann wahrscheinlich, und für den Vorgesetzten wird es schwierig, sich in der Arbeitsgruppe durchzusetzen. Sind sich der Vorgesetzte und der informelle Führer auch noch unsympathisch, können bedrohliche Krisen nicht ausgeschlossen werden.

Merkmale informeller Führer

Das Gruppenmitglied, das die Rolle des informellen Führers ausfüllt, ist oft an einigen Charakteristika zu erkennen:

- ▦ Es meldet sich häufiger zu Wort als andere Gruppenmitglieder.
- ▦ Es versteht sich mündlich besser auszudrücken als die meisten Gruppenmitglieder.
- ▦ Es spricht für die Gruppe („Wir sind der Meinung ...").
- ▦ Es fühlt sich für das Gruppengeschehen verantwortlich.
- ▦ Es wird von der Gruppe als Sprecher akzeptiert.
- ▦ Es beachtet – quasi als Vorbild – die Gruppennormen (siehe Seite 159) sehr genau.
- ▦ Es steht erkennbar im Vordergrund (Bedenken Sie dennoch, dass manchmal ein Wortführer in den Vorder-

grund tritt, während der informelle Führer als Drahtzieher im Hintergrund wirkt!).

Kollidieren die Ziele und Interessen des Vorgesetzten mit denen des informellen Führers, treten Führungsprobleme ernster Natur auf: Die Position des Vorgesetzten wird vom „negativen" informellen Führer untergraben, die Mitarbeiter widersetzen sich offen oder insgeheim den Anordnungen des Vorgesetzten, überall stellt der Vorgesetzte „Sand im Getriebe" fest.

Auf informelle Führer reagieren

Versuchen Sie als kluger Vorgesetzter, die Einwirkungsmöglichkeiten des informellen Führers für die betrieblichen Zwecke nutzbar zu machen. Bekämpfen Sie aber den informellen Führer, solidarisieren sich vielfach die Gruppenmitglieder mit dem informellen Führer gegen Sie.

Da solch ein Zustand im Betriebsalltag nicht haltbar ist, bemühen Sie sich um eine Situationsverbesserung, indem Sie **Maßnahmen**

- eigene Sympathiehemmer erkennen, Kontakt aufbauen, mit dem informellen Führer sprechen (sich dem informellen Führer keinesfalls verschließen),
- den informellen Führer informieren, in wichtige Problemstellungen einbeziehen und mitplanen lassen (aber keinesfalls mitentscheiden lassen – das Entscheiden ist und bleibt Ihre Führungsaufgabe!),
- den informellen Führer nicht vor der Gruppe bloßstellen (blamieren Sie ihn, müssen Sie mit unangenehmen Reaktionen rechnen, weil der informelle Führer sein Gesicht gegenüber seiner Klientel wahren will),
- sich bei unterschiedlichen Auffassungen intensiv um einen Konsens bemühen (alle sollen „an einem Strang ziehen", der informelle Führer soll Multiplikator sein),

- bei Abweichungen die Folgen dieses Verhaltens mit dem informellen Führer besprechen (in menschlich einwandfreier Form wird dem informellen Führer dargestellt, dass es nicht hingenommen werden kann, wenn die Entscheidungen des Vorgesetzten vom informellen Führer konterkariert werden),
- sich vom informellen Führer trennen, wenn dieser trotz vorangegangener ernsthafter Bemühungen im Sinne vorstehender Empfehlungen permanent die Oppositionsrolle einnimmt. Selbst wenn der informelle Führer ein guter Mann ist, muss die Trennung als Ultima Ratio ins Auge gefasst werden, bevor der Vorgesetzte endgültig seine Autorität verliert.

Auf den Punkt gebracht

Ihr vorrangiges Ziel bei Erkennen eines informellen Führers in Ihrer Arbeitsgruppe muss es sein, Ihre Kompetenz im fachlichen und/oder persönlichen Bereich peu à peu zu steigern. Sind schließlich Ihre Defizite ausgeräumt, haben Ihre Mitarbeiter längst registriert und akzeptiert, dass neben Ihnen kein informeller Führer mehr das Zepter in der Hand halten muss. Bis dieser Moment erreicht ist, nutzen Sie den informellen Führer für Ihre Zwecke. Also: Ändern Sie sich und die Verhältnisse werden sich ändern!

43. Mitarbeiter missachtet wesentliche Weisungen und Vorschriften

Glaubt einer Ihrer Mitarbeiter, sich über Ihre Weisungen oder über gültige Vorschriften hinwegsetzen zu können, verletzt er damit seine aus dem bestehenden Arbeitsverhältnis resultierenden Pflichten. Der Mitarbeiter ist in die Arbeitsorganisation des Arbeitgebers eingegliedert und unterliegt typischerweise den Weisungen des Arbeitgebers über Inhalt,

Durchführung, Zeit, Dauer und Ort der Tätigkeit. Sie als unmittelbarer Vorgesetzter nehmen das Weisungsrecht und die Direktionsbefugnisse im Auftrage des Arbeitgebers wahr. Und hier gilt eine alte Regel: Wer ein Weisungsrecht hat, dem erwächst auch die Pflicht, das Befolgen seiner Weisungen zu überwachen.

Was geschieht, wenn Sie den widerspenstigen, Ihre Weisungen missachtenden Mitarbeiter gewähren lassen?

Konsequenzen

- Eine Erfolg versprechende Aufgabenerledigung rückt in weite Ferne, wenn Mitarbeiter nur noch den Weisungen nachkommen, die ihnen zusagen.
- Ihre Autorität wird abgebaut, Ihre Mitarbeiter bezeichnen Sie hinter vorgehaltener Hand als „Weichei", „Softie" oder „Warmduscher".
- Das disziplinlose Verhalten eines Mitarbeiters hat Aufforderungscharakter an die übrigen Mitarbeiter, Ihren Weisungen mit Skepsis zu begegnen und sie nicht mehr ernst zu nehmen.
- Blieben Sanktionen des Vorgesetzten aus, wird die Erkenntnis „Was geduldet wird, wird bald zur Norm" bestätigt.

Zur Vermeidung solcher negativen Folgen muss die Devise lauten: Wehret den Anfängen.

Trägt ein Mitarbeiter durch sein Verhalten dazu bei, die gemeinsamen Ziele zu gefährden, dann retten Sie die Zielerreichung, indem Sie sich diesem Mitarbeiter gegenüber unter Androhung arbeitsrechtlicher Schritte durchsetzen. Die Durchsetzung sollte auf die Sachzusammenhänge und nicht primär gegen die Person gerichtet sein. Sie sollten dem Mitarbeiter zunächst eindringlich in einem Gespräch unter vier Augen verdeutlichen, dass er weisungsgebunden ist, dass Sie nicht bereit sind, sein negatives Verhalten hinzunehmen und nötigenfalls auch arbeitsrechtliche Schritte vorsehen

Arbeitsrechtliche Schritte androhen

werden. Halten Sie den Gesprächsinhalt schriftlich fest, um dokumentieren zu können, was Sie wann mit welchen Schwerpunkten dem Mitarbeiter dargestellt haben. Tritt danach keine Besserung ein, ist eine förmliche Abmahnung als Voraussetzung für eine verhaltensbedingte ordentliche Kündigung unausbleiblich. Behält der Mitarbeiter trotz Androhung dieses letzten arbeitsrechtlichen Instrumentes sein Verhalten bei, folgt bei ausbleibendem Sinneswandel des Mitarbeiters schließlich die Kündigung. Achtung: Damit Sie sich nicht unglaubwürdig machen, klären Sie im Unternehmen vor dem Androhen einer Abmahnung, ob Sie zuständig sind bzw. ob die zuständige Stelle im Falle eines Falles mitzieht.

Der Vorgesetzte als Vorbild

Speziell die Unfallverhütungsvorschriften werden von manchen Mitarbeitern – insbesondere im technisch-gewerblichen Bereich – hinsichtlich des Tragens der persönlichen Schutzausrüstung sträflich missachtet. Hier sollte der Vorgesetzte nicht nur als Vorbild stets ein sicherheitsgerechtes Verhalten zeigen, sondern auch seiner vorschriftsmäßigen Erfüllung der Weisungs- und Aufsichtspflicht nachkommen. Da Gefahren für Leib und Leben des Mitarbeiters vermieden werden sollen, geben Sie Ihre Zurückhaltung auf und setzen massiv die Einhaltung der Vorschriften durch.

Auf den Punkt gebracht

Sie signalisieren stets Führungsbereitschaft, indem Sie Ziele anpeilen, engagiert arbeiten und Kurs halten. Gelingt es Ihnen, Ihre Mitarbeiter mit ins Boot zu bekommen, werden die anvisierten Ziele ohne Druck oder Zwang in einem partnerschaftlichen Zusammenwirken verfolgt und zumeist auch erreicht. Dass Sie als Steuermann des Bootes mit Ihren Kommandos für ein koordiniertes Rudern sorgen, wird von den übrigen Bootsinsassen im Regelfall kommentarlos akzeptiert. Hält sich ein Mitarbeiter nicht an die Kommandos, muss er bei Wiederholung mit arbeitsrechtlichen Sanktionen Bekanntschaft machen.

44. Mitarbeiter befolgt Ihre Anweisungen fehlerhaft

Dass manche zum Tagesgeschäft von Führungskräften zählenden Anweisungen unzulänglich befolgt werden, lassen Vorgesetzte durch Kommentare erkennen wie

- „Man kann sich den Mund fusselig reden. Entweder werden meine Anweisungen falsch oder überhaupt nicht befolgt. Es wird wohl höchste Zeit, mit eisernem Besen zu kehren."
- „Manchmal bin ich dicht dran, die Arbeit lieber selber zu machen, bevor ich Zeit raubende Anweisungen gebe, die dann doch fehlerhaft ausgeführt werden."

Diese Vorgesetzten suchen bei unzureichenden Ergebnissen die Schuld bei Ihren Mitarbeitern, nicht aber bei den vermutlich unklaren und unvollständigen Anweisungen, die den Mitarbeitern zudem häufig auch noch fehlerhaft präsentiert werden.

Die 6 Ws
Eine gute Methode, damit solche Klagelieder von Vorgesetzten endgültig der Vergangenheit angehörten, ist die Befolgung der 6 W-Fragen

- Wer ist der zuständige Mitarbeiter? **Wer?**
- Wer ist der geeignetste (nicht der bereitwilligste!) Mitarbeiter?
- Welchem Mitarbeiter gebe ich die Anweisung?
- Wer muss mitwirken?

Achtung – häufige Fehlerquelle: An einen unbestimmten Personenkreis gerichtete Anweisungen („Man sollte schnellstens die Werkstatt aufräumen ...", „Hier muss endlich einmal Aktivität gezeigt werden ...") lassen offen, wer denn nun etwas tun soll. Zumeist fühlt sich kein Mitarbeiter angesprochen, sodass diese diffusen Handlungsanstöße verpuffen.

Was?
- Was soll gemacht werden?

Aufgaben und Teilaufgaben werden konkret beschrieben und das angestrebte Ergebnis genannt. Akzeptable Abweichungen vom Soll sowie denkbare Schwierigkeiten werden dargestellt.

Wann?
- Bis wann soll die Arbeit begonnen, bis wann ausgeführt sein?
- Welche Zwischentermine sind zu beachten?
- Wann will ich über den Arbeitsfortschritt informiert werden?

Achtung – häufige Fehlerquelle: Stellen Sie jede Anweisung als brandeilig heraus, die eigentlich „schon vorgestern hätte erledigt werden müssen", erlahmt das Bemühen des Mitarbeiters um eine schnelle Ausführung. Mit unpräzisen Aufforderungen wie „sobald wie möglich", „bei Gelegenheit" oder „wenn Sie einmal Zeit haben" vermitteln Sie den Eindruck, dass bei dieser unbedeutenden Arbeit nicht einmal eine Terminvereinbarung vonnöten ist. Wird überhaupt kein Termin gesetzt, kann Ihre Geduld auf eine harte Probe gestellt werden, weil die Aufgabenerledigung eine Ewigkeit auf sich warten lässt.

Wie?
- Wie soll etwas erledigt werden?

Sie sollten dem Mitarbeiter unter Berücksichtigung seiner Fähigkeiten und der Sachforderung so viel Freiheit wie irgend möglich zugestehen. Der Mitarbeiter kann so eher erkennen, dass der Vorgesetzte ihn für befähigt hält, die Anweisung eigenständig auszuführen. Während Sie bei Mitarbeitern mit niedrigem Reifegrad dem Wie in Ihrer Anweisung größere Bedeutung beimessen, schenken Sie dieser Frage bei Mitarbeitern mit hohem Reifegrad nur mehr geringe Beachtung. Dennoch kann auch bei Mitarbeitern mit großem Fähigkeitspotenzial in besonderen Fällen eine Klärung der Arbeitsausführung günstig sein – dann ist aber das Warum überzeugend darzulegen, um die sonst entstehende Verunsicherung „Womit habe ich das Misstrauen des Chefs verdient, dass er mir plötzlich alles vorschreibt? Ist er mit meinen bisherigen Leistungen so unzufrieden, dass mir jetzt alles vorgekaut werden muss?" zu vermeiden.

Achtung – häufige Fehlerquelle: Ohne Ansehen der Person und seines Potenzials werden stets Anweisungen bis ins letzte Detail gegeben, die zu einer Einschränkung der Handlungsmöglichkeiten des Mitarbeiters führen.

- Welche Hilfsmittel, Vordrucke, Werkzeuge, Unterlagen, Vorschriften sind für eine ordnungsgemäße Arbeitsausführung vonnöten? **Womit?**

- Warum soll eine bestimmte Aufgabe erledigt werden? **Warum?**

Nur wenn Ihr Mitarbeiter weiß, warum er etwas erledigen soll, fühlt er sich verstärkt verantwortlich und bemüht sich intensiver um eine gute Aufgabenerledigung. Machen Sie den Mitarbeiter mit Hintergründen und Zusammenhängen vertraut, beziehen Sie ihn stärker in das Betriebsgeschehen ein und wecken sein Interesse und sein Engagement.

Form und Folgen Ihrer Anweisung

Mit den 6 Ws klopfen Sie den Inhalt Ihrer Anweisung ab. Bei Form und Folgen Ihrer Anweisung berücksichtigen Sie nachstehende Anmerkungen:

■ Anweisungen sollten präzise und eindeutig (Interpretationsmöglichkeiten werden weitgehend ausgeschlossen) sowie kurz und knapp (niemand opfert gerne seine Zeit, um langatmigen und ausschweifenden Ausführungen zu lauschen) gegeben werden.

■ Anweisungen formulieren Sie so „narrensicher", dass sie der Mitarbeiter verstehen muss.

■ Ein harscher Befehlston degradiert den Mitarbeiter zum Untergebenen. Wählen Sie stets einen höflichen, ruhigen und sachlichen Ton und sprechen Ihre Mitarbeiter so an, wie Sie selbst gern angesprochen werden möchten.

■ Was Sie sagen, wird nicht immer vom Mitarbeiter akustisch richtig aufgenommen, sondern möglicherweise anders interpretiert, manches sogleich vergessen. Sie begegnen diesen Fehlerquellen, indem Sie auf ein Feedback des Mitarbeiters in Form der Wiederholung Ihrer Anweisungen bestehen oder zum Nachfragen ermutigen.

– „Bitte fassen Sie die für Sie wichtigsten Punkte zusammen."

– „Könnten wir zum Abschluss noch einmal zusammen durchgehen, was wir heute festgelegt haben?"

– „Ich hoffe, ich habe nichts vergessen. Können Sie es noch einmal wiederholen, damit wir sicher sein können?"

Hierdurch gewinnen Sie die Gewissheit, vom Mitarbeiter richtig verstanden worden zu sein bzw. Unklarheiten ausgeräumt zu haben. Halten Sie es für erforderlich, bestehen Sie auf einer Wiederholung, auch wenn Ihr Mitarbeiter hiervon nicht sonderlich angetan ist. Spricht ein Pilot mit dem Tower, erteilt ein Offizier einem Unteroffizier einen Befehl oder gibt der Kapitän eines Containerfrachters

Weisungen an seinen Rudergänger, gehört es zu den Selbstverständlichkeiten, dass der Informationsempfänger das Gehörte wiederholt. Hier könnten Missverständnisse fatale Folgen haben. Im Betrieb ist es ähnlich: Missverständnisse bewirken einen unnötigen Kosten- und Energieaufwand und sind immer wieder Auslöser von Konflikten.

- Empfangen Sie von Ihrem Mitarbeiter Informationen, sollten Sie bei wichtigen Aussagen nachfragen (die Formulierung „Nur gut, dass ich noch einmal nachgefragt habe" dürfte jedem Leser vertraut sein):
  - „Kann ich davon ausgehen ...?"
  - „Wenn ich Sie richtig verstanden habe ...?"
  - „Es geht Ihnen also darum, dass ...?"
- Komplizierte Anweisungen erläutern Sie mündlich und geben zusätzlich schriftliche Hinweise, dies vor allem, wenn verschiedene Zahlen eine Rolle spielen.
- Vermeiden Sie Anweisungen, wenn Sie stark erregt sind (insbesondere bei zornigem Gemütszustand), weil sich diese nach Wiederherstellung Ihres inneren Gleichgewichts oft in einem anderen Licht darstellen.
- Erteilen Sie Anweisungen ohne Zwischenstationen. Hierdurch vermeiden Sie Informationsverfälschungen (denken Sie an die Übung aus Ihrer Schulzeit: Stille Post).
- Die Befolgung von Anweisungen ist in angemessener Form zu kontrollieren. Wird eine Anweisung nicht oder nur unzureichend ausgeführt und folgt keine Kontrolle mit Kommentierung durch den Vorgesetzten, werden Ihre Anweisungen künftig nicht mehr ernst genommen.

Auf den Punkt gebracht

Sollen Ihre Anweisungen gute Ergebnisse bringen, werden Sie erst dann tätig, wenn Sie sich selbst über den Auftrag klar sind und sich diesen nicht erst während des Gesprächs mit dem Mitarbeiter überlegen müssen. Indem Sie die 6 Ws beachten und Feedback einfordern bzw. geben, wird die Gefahr von Missverständnissen und Fehlinterpretationen wesentlich verringert.

45. Mitarbeiter stellt Forderungen, denen Sie nicht nachkommen wollen/können

Seit längerer Zeit arbeiten Sie mit einem gut motivierten Mitarbeiter auf vertrauensvoller Basis zusammen. Es bleibt nicht aus, dass dieser Mitarbeiter Sie um eine Gehaltserhöhung, eine Beförderung oder Ähnliches bittet. Kommen Sie diesem Wunsch nach, wird das bisher positive Verhältnis zu diesem Mitarbeiter weiter unter einem guten Stern stehen. Ob aber die gute zwischenmenschliche Beziehung erhalten bleibt, wenn Sie seine Forderung ablehnen wollen oder müssen? Vermutlich wird der Mitarbeiter enttäuscht sein und nach Ihren Verweigerungsgründen fragen. Offenbaren Sie diese, ergeben sich für den Mitarbeiter Anknüpfungspunkte, um seinen Wunsch zu untermauern und doch noch zu einem positiven Ergebnis zu gelangen. Da Sie aus gutem Grunde ablehnen und deshalb keinesfalls „umfallen", verhärtet sich die Situation zusehends mit dem Ergebnis, dass die weitere Zusammenarbeit mit einer schweren Hypothek belastet wird.

Deal statt „Nein"

Hand aufs Herz: Würden Sie sich mit einem „Nein, weil ..." abspeisen lassen? Wohl kaum! Halten wir fest: Mit der Methode „Nein, weil ..." befinden wir uns in keiner beneidenswerten Position. Streichen wir sie daher in Gedanken und ersetzen wir sie durch einen dem Mitarbeiter anzubietenden Deal:

„Ich kann verstehen und freue mich auch darüber, dass Sie Beispiel 1
nach zweijähriger erfolgreicher Arbeit als Teamassistentin den
Wunsch äußern, aufzusteigen und Junior-Einkäuferin zu wer-
den. Vorweg will ich Ihnen sagen, dass ich Sie nach Kräften un-
terstützen werde, damit Sie diese berufliche Veränderung erfol-
greich hinter sich bringen können. Wie ich Sie einschätze, läge
es sicherlich nicht in Ihrem Interesse, halbe Sachen zu machen.
Ihnen ist das Anforderungsprofil von Junior-Einkäuferinnen
bekannt. Ich habe diesem Profil Ihre fachlichen und persönli-
chen Schwerpunkte gegenübergestellt und dabei bemerkt, dass
zwei Punkte momentan noch nicht vollständig von Ihnen er-
füllt werden. Ihre Englischkenntnisse müssen für die vielen
Auslandsreisen unbedingt vertieft und Ihr Verhandlungsge-
schick durch Teilnahme an Fortbildungen trainiert werden.
Auch sollten Sie an die gewünschte Tätigkeit durch stundenwei-
ses Hospitieren in anderen Abteilungen des Hauses sowie gele-
gentliches Begleiten von Senior-Einkäufern herangeführt wer-
den. Allerdings darf darunter Ihre Arbeit als Teamassistentin
nicht leiden. Haben Sie dann die gewünschten Fortschritte er-
zielt, steht einer Beförderung zur Junior-Einkäuferin nichts
mehr im Wege. Was halten Sie davon?"

Sollten Sie Ihrer Mitarbeiterin aber eine erfolgreiche Tätig- Beispiel 2
keit als Junior-Einkäuferin nicht zutrauen, wäre ein anders
formulierter Deal möglich:

„Ich kann verstehen und freue mich auch darüber, dass Sie
nach zweijähriger erfolgreicher Arbeit als Teamassistentin den
Wunsch äußern, aufzusteigen. Ihr Wunsch zeigt mir, dass Sie
auch künftig leistungsbereit sind und erfolgreich arbeiten wol-
len. Für Ihren beruflichen Aufstieg will ich Ihnen keine Steine
in den Weg legen. Mir liegt sehr am Herzen, dass Sie auch künf-
tig eine Arbeit verrichten, die Ihnen rundum zusagt und Ihnen
ein hohes Maß an Freude und Zufriedenheit vermittelt. Aller-
dings habe ich nach der bisherigen zweijährigen Zusammen-
arbeit Zweifel, ob in Ihrem Fall eine Verwendung als Junior-

Einkäuferin eignungsgerecht ist. Ich habe Sie als ausgezeichnete Teamassistentin schätzen gelernt. Deshalb meine ich, es wäre eher in Ihrem Interesse und würde auch Zeit und Geld sparen, hierauf aufbauend eine Fortbildung in Richtung ... zu absolvieren. Sollten Sie diesem Vorschlag zustimmen, könnte ich mit der Personalentwicklung die folgenden Schritte festklopfen ..."

Beispiel 3 *„Zunächst mein Glückwunsch, dass Ihr Sohn das Abitur mit dieser guten Note abgeschlossen hat und jetzt sein Wunschstudium in Passau antreten möchte. Ich kann gut nachvollziehen, dass Sie ihn unterstützen wollen und dass Ihr gegenwärtiges Einkommen Ihnen hierfür kaum einen Spielraum lässt. Es liegt mir wirklich fern, Ihnen eine Gehaltserhöhung abzuschlagen. Aber ich sehe momentan leider keine schlüssigen Argumente für eine Aufstockung Ihres Einkommens, da Sie in den letzten sechs Jahren gleichbleibende Tätigkeiten ausführten, für die eine adäquate Bezahlung erfolgt. Anders sähe es aus, wenn es uns gelänge, durch Übertragung neuer Aufgaben und größerer Verantwortung eine sachliche Begründung für eine Gehaltserhöhung zu schaffen. Mir fallen im Moment folgende Aufgaben ein ... Lassen Sie sich meinen Vorschlag durch den Kopf gehen und sagen Sie mir bitte noch in dieser Woche, ob Sie mit meinem Vorschlag leben können."*

Vorleistung einfordern

Der Mitarbeiter entscheidet In allen Beispielen lautet der angebotene Deal: „Wenn Sie von mir ein Entgegenkommen erwarten, müssen Sie zunächst in den von mir dargestellten Punkten in Vorleistung gehen. Ist dies geschehen, werde ich Ihrem Wunsch nachkommen". Statt eine frustrierende Ablehnung auszusprechen, wird eine attraktive, den Mitarbeiterwünschen angepasste Perspektive in Aussicht gestellt, die allerdings nicht zum Nulltarif zu realisieren ist. Der Mitarbeiter entscheidet selbst, ob er die gewünschten Aktivitäten zeigt und das angestrebte Ziel erreicht oder ob er bei passivem Verhalten das anvisierte Ziel abschreiben muss. Entscheidet er sich für die erste Variante, wird er sich mit hoher Motivation auf den Weg machen, fällt seine Wahl auf das Nichtstun, besteht kein Anlass, dem Vorgesetzten etwas anzukreiden.

Anzumerken ist, dass ein Deal keine falschen Hoffnungen wecken oder überfordernden Vorleistungen aufweisen darf, sondern herausfordernde, aber realistische Forderungen an den Mitarbeiter enthalten sollte. Außerdem müssen Sie unbedingt auf die Erfüllung Ihres Parts achten (evtl. frühzeitig mit Personalentwicklung, Personalabteilung oder nächsthöherem Vorgesetzten Perspektiven abstimmen), wenn der Mitarbeiter seinen Teil des Deals erfüllt hat.

Mitarbeiter begründen ihre Wünsche häufig mit ähnlich gelagerten Fällen, in denen es Kollegen, Freunden oder Bekannten gelang, ihre Forderungen durchzusetzen. Sie sollten sich hierdurch keinesfalls unter Zugzwang gesetzt fühlen. Andere Fälle, die nicht hundertprozentig mit der von Ihnen zu berücksichtigenden Situation identisch sind, blenden Sie unter entsprechendem Hinweis aus:

Nicht auf ähnliche Fälle eingehen

„Lassen Sie uns bei Ihrem Wunsch nach ... bleiben, bei dem wir die Fakten besser im Auge haben. Wir sollten eine maßgeschneiderte Lösung für Sie anstreben. Der von Ihnen geschilderte Fall ist mit Ihrem Anliegen nicht deckungsgleich und bringt uns daher auch nicht weiter."

Auf den Punkt gebracht

Mit der Ablehnung einer Mitarbeiterforderung können länger nachwirkende Frustrationen aufgebaut werden. Bei einem von Ihnen in Aussicht gestellten Deal hat es der Mitarbeiter selbst in der Hand, dass sein Wunsch nach seiner Vorleistung erfüllt wird.

46. Mitarbeiter beschwert sich über einen Kollegen

Beschwerden beruhen auf Vorfällen, die für den Mitarbeiter so wichtig sind, dass er Sie erregt aufsucht. Dieses Vorgehen hat den Mitarbeiter einige Überwindung gekostet, denn kaum jemand unternimmt diesen Schritt ohne zwingende Notwendigkeit. Für Sie mag der Anlass geringfügig oder banal sein, für den Mitarbeiter ist die Angelegenheit aber so ernst, dass es in seinen Augen eine „Todsünde" wäre, wenn Sie den Vorfall verniedlichen oder bagatellisieren würden.

> **Merken Sie sich: Für einen Mitarbeiter zählt nicht das, was ihm objektiv widerfahren ist, sondern das, was er subjektiv dabei empfindet!**

Psychologen stellten fest, dass der Grad der Aufregung bei einem Menschen dem Ausmaß seiner Unzufriedenheit entspricht. Das heißt, wenn der Mitarbeiter auf Grund einer Kleinigkeit ein großes Getöse veranstaltet, lässt er in der Regel erkennen, dass er mit der aktuellen Situation zutiefst unzufrieden ist.

Souveränität zeigen Manche Ausbrüche Ihrer Mitarbeiter stellen hohe Anforderungen an Ihre Selbstbeherrschung. Bleiben Sie aber auch in solchen stressbeladenen Augenblicken souverän und beweisen Sie Ihr soziales Einfühlungsvermögen! Nicht zu Unrecht werden Beschwerden als „Überdruckventil" bezeichnet, über das Dampf abgelassen wird. Selbst wenn der Mitarbeiter in Ihren Augen unangemessen vorgeht, sollten Sie die folgenden Empfehlungen nicht in den Wind schlagen:

Empfehlungen ■ Beschwert sich ein Mitarbeiter, wird ein Konfliktbereich deutlich. Wird der Konflikt nicht beigelegt, kommt es zwischen den Beteiligten häufig zu Dauerkämpfen, die viel Zeit und Kraft erfordern. Da Zeit und Kraft aber der Aufgabenerledigung zukommen sollen, können Sie sich als Vorgesetzter der Situation nicht entziehen, sondern müssen zur Beilegung des Konfliktes beitragen.

■ Demzufolge behandeln Sie Beschwerden möglichst mit Vorrang. Schieben Sie die Ihnen vielleicht sehr unangenehme Sache nicht auf die lange Bank („Die Zeit wird auch hier Wunden heilen"), sonst verhärten sich möglicherweise die Fronten. Verzögerungen bei Ihren Bemühungen um Bereinigung der Situation führen zu einem überhöhten Zeit- und Energieaufwand und verhindern vielleicht eine gedeihliche künftige Zusammenarbeit vollends.

■ Nehmen Sie sich für die Behandlung der Beschwerde Zeit, und versuchen Sie nicht, die Situation zwischen Tür und Angel zu klären.

■ Der intensiv emotional reagierende, „feuerspeiende" Mitarbeiter ist zu Beginn seiner Beschwerde für sachliche Argumente nicht aufnahmefähig. Sie können erst dann einen Erfolg versprechenden Dialog mit ihm führen, wenn er sich seinen Ärger von der Seele geredet hat.

■ Der Mitarbeiter benötigt eine deutlich erkennbare Wertschätzung (Mitgefühl, Höflichkeit, Verständnis) seiner Person.

■ Unterlassen Sie Bemerkungen, mit denen Sie Öl ins offene Feuer schütten, so zum Beispiel:
  - „Mit solch einer Lappalie kommen Sie zu mir?!"
  - „Schaffen Sie sich erst einmal ein dickes Fell an."
  - „Übertreiben Sie doch nicht so!"
  - „Regen Sie sich erst einmal ab!"
  - „Da müssen Sie sich täuschen."
  - „Das gibt es gar nicht!"
  - „Das ist doch alles halb so schlimm."

■ Gegenvorwürfe sind fehl am Platz, denn sie sind Grundlage für eine weitere Eskalation.

- Beweisen Sie Toleranz: Aus eigener Erfahrung wissen wir, dass Menschen Unrecht haben können, selbst jedoch von der Richtigkeit Ihres Tuns überzeugt sind.

Das Beschwerdegespräch

Empfehlungen Ein Beschwerdegespräch führen Sie mit dem Mitarbeiter nach folgenden Punkten:

1. Sie isolieren den Mitarbeiter

Die Reaktionen von Beschwerdeführern sind in Gegenwart Dritter besonders explosiv und wenig kalkulierbar. Zuhörer dramatisieren solche Gespräche oft und gestalten die Situation noch peinlicher. Von der Anwesenheit des Kollegen, der Gegenstand der Beschwerde ist, muss nachdrücklich abgeraten werden. Eine sofortige Gegenüberstellung der sich gegenseitig beschuldigenden Mitarbeiter würde die bereits zwischen den Kontrahenten bestehende Kluft nur noch vertiefen.

2. Sie veranlassen den Mitarbeiter zum Sitzen

Ein stehender Mensch erzeugt mehr Aktivitäten als ein sitzender. Noch mehr Aktivitäten sind in dieser Situation nicht gefragt. Also bieten Sie dem Beschwerdeführer sofort einen Platz an. Denken Sie daran, dass Sitzen keine Kampfhaltung ist.

3. Sie unterbrechen den Mitarbeiter nicht, sondern lassen ihn ausreden

Kann der Mitarbeiter sich durch eine gründliche Aussprache abreagieren und seine Schwierigkeiten darstellen, kommt es eher zu einem vertrauensvollen Gespräch. Ein weiterer Gesichtspunkt ist bedeutsam: Der momentane Beschwerdegrund stellt häufig den berühmten letzten Tropfen dar, der das Fass zum Überlaufen gebracht hat. Zwar müssen Sie in dieser Gesprächsphase emotionsgeladene, übertriebene Darstellungen über sich ergehen lassen, dennoch erhalten

Sie eine Reihe von Hintergrundinformationen, die das Verhältnis des Beschwerdeführers zu seinem Kontrahenten beleuchten.

4. Sie notieren wichtige Aussagen

In der Beschwerdesituation führt das Niederschreiben wichtiger Aussagen des Beschwerdeführers zu einer Reduzierung der Beschwerde auf ihren nüchternen Kern. Den Griff zu Papier und Kugelschreiber mit dem Hinweis „So etwas darf es bei uns nicht geben. Wie ist das also im Einzelnen gewesen" empfinden Mitarbeiter als deutlichen Hinweis auf Zurückhaltung und Sachlichkeit, sodass schmückendes Beiwerk und Übertreibungen vermindert werden.

5. Sie bestätigen dem Mitarbeiter, dass Sie seine Situation verstehen

Jeder Mensch hat das Bedürfnis, sich von anderen Menschen bestätigt zu sehen. Beherzigen Sie dies und signalisieren Sie persönliches Verständnis für die Ansichten, Bedenken, Einwände und die Erregung des Mitarbeiters durch Bemerkungen wie

- „Ich kann Ihnen gut nachfühlen, wie Ihnen nach diesem Zusammenstoß zumute ist."
- „Wäre ich an Ihrer Stelle gewesen, hätte ich auch etwas dagegen unternommen."

Indem Sie den Grund der Reaktionen des Mitarbeiters anerkennen, bejahen Sie seine Person. Damit haben Sie zur Sache selbst noch keine Stellung bezogen.

Die vorstehenden fünf Empfehlungen dienen dem Ziel, eine Eskalation zu vermeiden und zur Beruhigung des Beschwerdeführers beizutragen.

6. Sie bemühen sich um eine objektive Klärung des Sachverhalts

Haben Sie den Sachverhalt möglichst lückenlos festgestellt, verschaffen Sie sich ein umfassendes und klares Bild von der Situation. Sie gewinnen wichtige Informationen, indem Sie den Mitarbeiter befragen, ohne hierbei eigene Stellung zu beziehen oder eine eigene Meinung zu äußern.

Meist genügt es nicht, lediglich die Aussagen des Beschwerdeführers als Grundlage für das weitere Vorgehen zu nehmen. Ein umfassendes Bild entsteht erst, wenn alle Personen, die vom Problem betroffen sind, ihren Standpunkt dargestellt haben.

Also: Schlagen Sie nicht gleich eine Standardlösung für das geschilderte Problem vor, selbst wenn Sie meinen, die richtige Lösung parat zu haben. Aus dem Stegreif kann kaum jemand eine zutreffende Diagnose in Unkenntnis genauer Fakten abgeben.

7. Sie bemühen sich um eine „sozialverträgliche", dauerhafte Konfliktlösung

Ein Machtwort des Vorgesetzten wird einen Konflikt kaum dauerhaft lösen. Vielmehr sind die Konfliktparteien aufgerufen, sich auf eine Konfliktlösung zu verständigen, mit der sich alle Beteiligten gut arrangieren können. Lesen Sie hierzu bitte im nächsten Abschnitt weiter.

Auf den Punkt gebracht

Es ist wichtig, dass Sie von Beschwerden Ihrer Mitarbeiter erfahren. Mit der geäußerten Beschwerde dokumentiert der Mitarbeiter, dass er Ihnen Vertrauen schenkt – bei Vorgesetzten, denen man nicht vertraut, „hat es ja doch keinen Sinn". Auch enthält eine Beschwerde Hinweise, dass sich im Team etwas zusammenbraut. Eine Beschwerde sollte zunächst bei Ihnen, dem unmittelbaren Vorgesetzten, abgegeben werden. Sie können für eine Klärung vor Ort sorgen, sodass keine anderen Stellen (z.B. nächsthöherer Vorgesetzter, Betriebs-/Personalrat, Gleichstellungsbeauftragte, Gerichte) eingeschaltet werden, die von Ihnen zeitraubende Aktivitäten fordern. Sorgen Sie zunächst für eine Deeskalation, um anschließend eine sozialverträgliche Konfliktlösung auf den Weg zu bringen.

47. Mitarbeiter tragen massiv Konflikte aus

Im Verlauf von Konflikten gelingt es den Beteiligten kaum, die Eskalation zu stoppen und sich aus der festgefahrenen Situation zu befreien. Das herrschende Klima von Misstrauen und Feindseligkeit verhindert das Aufeinanderzugehen. Hier ist eine Konfliktbewältigung ohne fremdes Zutun unrealistisch. Es wird die Einschaltung einer dritten, neutralen, aber steuernden Partei erforderlich, die zu einer Konfliktregelung verhelfen soll, die beide Seiten zufrieden stellt.

Genießen Sie als kooperativ führender Vorgesetzter in den Augen Ihrer Mitarbeiter persönliche Autorität, werden Sie die „Stabführung" als dritte Partei übernehmen. Hierbei sollten Sie weder eine Gewinner-Verlierer-Strategie noch eine Verlierer-Verlierer-Strategie anstreben, sondern sich unter aktiver Beteiligung der Kontrahenten um eine Gewinner-Gewinner-Konstellation bemühen. Diese Art interpersonaler (zwischen mehreren Personen) Konfliktlösung wird als Mediation bezeichnet. Mediation ist ein Prozess, in dem die Konfliktparteien zusammen mit dem neutralen Dritten systematisch die strittigen Punkte herausarbeiten, um Optionen und Alternativen zur bisherigen Auseinandersetzung zu entwickeln.

Win-Win-Situationen schaffen

Gespräch unter 4 Augen

Informationen einholen

Um die verfahrene Situation in den Griff zu bekommen, gilt es für Sie zunächst, in Einzelgesprächen mit den Konfliktparteien Hintergrundinformationen zu sammeln:

- Wer ist Konfliktgegner?
- Welche Konflikthandlungen treten auf?
- Seit wann sind diese Handlungen zu beobachten?
- Welcher Konflikt stand am Anfang?
- Was geschah nach dem Ausgangskonflikt (Möglichst belegbare Tatsachen)?
- Was will die Konfliktpartei erreichen?
- Welches Risiko will sie eingehen?

Vertrauen aufbauen

Bemühen Sie sich in den Einzelgesprächen, Vertrauen aufzubauen und die Konfliktparteien zur positiven Mitwirkung zu bewegen. Sie wollen den Akteuren die Gewissheit vermitteln, dass die angestrebte Konfliktlösung fair und transparent ohne Verlierer vonstatten gehen wird. Niemand soll sich manipuliert oder über den Tisch gezogen fühlen.

Ihr Gesprächsverhalten

Gehen Sie in den Gesprächen mit den Konfliktparteien sensibel vor, indem Sie

- Gespräche möglichst unter vier Augen führen und Ergebnisse zunächst unter der Rubrik „Datenschutz" verbuchen,
- bewusst für einen positiven Gesprächseinstieg als „vertrauensbildende Maßnahme" sorgen,
- Scheinkonflikten nicht zu große Aufmerksamkeit schenken, sondern sich bemühen, die Konfliktursache zu erkennen und diese realistisch einzuschätzen,
- einem stark emotional reagierenden Gesprächspartner Konfliktverzerrungen (aus einer Mücke wird ein Elefant gemacht oder umgekehrt) nicht übel n ehmen,
- durch aktives Zuhören (= Sie machen Anteil nehmende Bemerkungen, unterbrechen nicht, zeigen über Gestik und Mimik Ihr Interesse, wiederholen wichtige Aussagen des Gesprächspartners) dokumentieren, dass der

Gesprächspartner mit seinen Aussagen für Sie wichtig ist,

- auf Tatsachen eingehen und nicht auf Wertungen des Gesprächspartners, weil diese häufig „subjektive Wahrheiten" darstellen,
- sich keinesfalls verleiten lassen, als Alleinunterhalter in einem Monolog Ihre Auffassungen darzulegen und damit Ihrem Gesprächspartner die Möglichkeit zu nehmen, Ihnen sein Herz auszuschütten.

Gespräch unter 6 Augen

Nachdem Sie das Terrain sondiert und vielfältige Informationen erhalten haben, sollten Sie gemeinsam mit den Konfliktparteien eine systematische Konfliktbewältigung ansteuern. Im Rahmen der anvisierten Konfliktlösung werden widersprechende Meinungen diskutiert, gegeneinander abgewogen, neu formuliert und eine Lösung erarbeitet, die alle Beteiligten befriedigt und zumeist besser ist als alle vorangegangenen Teilvorschläge. Orientieren Sie sich bei Ihrer „Regie" an dem nachstehenden Stufenplan:

Stufe 1: „Was genau ist der Konflikt?"

Den Konflikt identifizieren und definieren, also gegen andere Probleme abgrenzen, sich Zeit nehmen, den Konflikt klar aussprechen, nicht „um den heißen Brei herumreden", Ich-Aussagen senden, Kooperation anbieten, darauf aufmerksam machen, dass bei dieser Methode keine Partei verlieren kann.

Stufe 2: „Welche unterschiedlichen Lösungen sehen die Konfliktparteien?"

Mögliche Lösungen entwickeln, keine Lösungen bewerten, zu möglichst vielen Vorschlägen anregen, alle Beteiligten einbeziehen, Angst vor Blamagen bei der Lösungssuche abbauen.

Stufe 3: „Was spricht für, was spricht gegen die einzelnen Lösungen?"

Lösungsmöglichkeiten kritisch beleuchten, Streichung einseitiger Lösungen, Gefühle der Beteiligten bei einzelnen Vorschlägen erfahrbar machen, Ich-Aussagen senden; prüfen, mit welchen Konsequenzen bei den einzelnen Lösungsvorschlägen gerechnet werden muss.

Stufe 4: „Wie sieht die beste Lösung genau aus?"

Sich für die beste annehmbare Lösung entscheiden, die Lösung genau beschreiben, die Lösung nicht als endgültig, sondern als veränderbar darstellen; abfragen, ob alle Beteiligten sie akzeptieren; Angst abbauen, gegen die Lösung zu opponieren.

Stufe 5: „Wie wird die Lösung durchgesetzt?"

Wege zur Ausführung der Entscheidung ausarbeiten, klare Handlungsgrenzen bestimmen, genau festlegen, wer was bis wann macht.

Stufe 6: „War die getroffene Entscheidung zur Regelung des Konflikts richtig?"

Spätere Überprüfung der Funktionsfähigkeit der Lösung und der Einhaltung der getroffenen Absprachen = Prozessanalyse, Ergebnisanalyse, evtl. Korrekturen, wenn bestimmte Situationen falsch eingeschätzt wurden.

Wenn möglich sollte zwischen den 4-Augen-Gesprächen und dem 6-Augen-Gespräch eine Nacht vergehen. Zumeist sehen für die Konfliktparteien die Dinge am nächsten Morgen nicht mehr so dramatisch aus. Die Aktivitäten werden dann nicht mehr vorrangig emotional sein, sondern überlegter und konstruktiver.

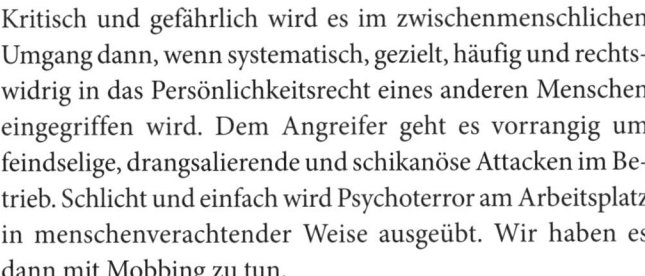

Auf den Punkt gebracht

Die Konfliktbewältigungsmethode „Konsens" ist sicherlich die reifste Form der Konfliktlösung, weil sie eine Synthese aus allen relevanten Handlungsalternativen bietet. Sie setzt bei den Beteiligten notwendigerweise ein hohes Maß an Kooperationsbereitschaft und -willen voraus. Indem Sie als Mediator behutsam steuernd wirken, tragen Sie zu dem angestrebten Gewinner-Gewinner-Ergebnis bei.

48. Mitarbeiter mobbt einen Kollegen

Kritisch und gefährlich wird es im zwischenmenschlichen Umgang dann, wenn systematisch, gezielt, häufig und rechtswidrig in das Persönlichkeitsrecht eines anderen Menschen eingegriffen wird. Dem Angreifer geht es vorrangig um feindselige, drangsalierende und schikanöse Attacken im Betrieb. Schlicht und einfach wird Psychoterror am Arbeitsplatz in menschenverachtender Weise ausgeübt. Wir haben es dann mit Mobbing zu tun.

Was ist Mobbing?

Unter Mobbing versteht man eine Reihe von negativen kommunikativen Handlungen, die während einer längeren Zeit (mindestens jedoch während eines halben Jahres mindestens einmal in der Woche) von einer Einzelperson oder mehreren Personen gegen eine bestimmte Person gerichtet sind.

Ziele des Mobbers

Ziel der Mobbing-Aktivitäten ist,
- die zwischenmenschliche Kommunikation des Gemobbten verkümmern zu lassen,
- die Zusammenarbeit mit ihm in Richtung Null zu vermindern sowie
- soziale Beziehungen abzublocken und das soziale Ansehen nachhaltig zu schädigen.

Das geschieht in der Erwartung, dass sich der Gemobbte schließlich zurückzieht und von sich aus den Arbeitsplatz verlässt.

Erkennen Sie in Ihrem Bereich Mobbingaktivitäten, dürfen Sie diese keinesfalls sprach- und tatenlos hinnehmen, sondern müssen angemessen reagieren, damit alle Betriebsangehörigen künftig wieder in einem kooperativen Miteinander wirken können. Schließlich nehmen Sie eine Vorbildfunktion ein.

Grundsätze zur Mobbing-Abwehr

Stets müssen fünf Grundsätze für die Mobbing-Abwehr ins Auge gefasst werden:

1. Aus manchen Konflikten entwickelt sich Mobbing, weil man den Dingen ihren Lauf lässt, es einfach geschehen lässt!
2. Mobbing ist eine Zeitbombe, die schnellstmöglich entschärft werden muss, damit sie keinen nachhaltigen Schaden anrichten kann! Wird bei frühzeitigem Erkennen von Mobbingaktivitäten sogleich zielgerichtet gegengesteuert, wird es eher gelingen, das Problem zu lösen!
3. Wo das Arbeitsklima „stimmt", haben Mobber einen schweren Stand!
4. Wer Mobbing tatenlos hinnimmt und schweigt, leistet dem Mobbing Vorschub und macht sich schuldig!
5. Je mehr Missbilligung der Mobber erfährt, desto geringer ist das Problem!

Maßnahmen gegen Mobbing

Welche Möglichkeiten stehen Ihnen zur Verfügung, um gegen Mobbing Front zu machen?

Prophylaktische Maßnahmen

■ Achten Sie darauf, dass ein positives Arbeitsklima herrscht. Ein durch Mobbinghandlungen vergiftetes Arbeitsklima bewirkt weniger zufriedenstellende, geschweige denn herausragende Leistungsergebnisse.

- Informieren und klären Sie frühzeitig über das Krebsgeschwür Mobbing auf.
- Sorgen Sie für eine erfolgreiche Integration neuer Mitarbeiter, mit der zugleich (unterschwellige) Bedenken und Ängste etablierter Mitarbeiter abgebaut werden (siehe Seite 137).
- Bekämpfen Sie Intriganten- und Denunziantentum (siehe Seite 232 bis 236).
- Nehmen Sie Mitarbeiterbeschwerden ernst (siehe Seite 220).
- Bemühen Sie sich um sozialverträgliche, dauerhafte Konfliktlösungen (siehe Seite 225).

- Bringen Sie Mobbing als zu bekämpfendes Fehlverhalten zur Sprache. Verharmlosen Sie erkannte Mobbingansätze keinesfalls, sondern treten Sie ihnen sogleich entschieden entgegen. Bei den ersten Anzeichen von Mobbing legen Sie unmissverständlich dar, dass Sie Mobbing aufs Schärfste ablehnen und im Rahmen Ihrer Fürsorgeverpflichtung gegenüber Ihren Mitarbeitern auch bereit sind, gegen den Mobber schmerzhafte Sanktionen einzusetzen. In einer Mitarbeiterbesprechung sollten Sie die Frage „Wie gehen wir miteinander um?" thematisieren, um einen Grundkonsens zu finden, wie ab sofort verfahren werden soll.

Maßnahmen bei akutem Mobbing

- Zeigen Sie dem Mobber eindringlich auf, dass bei der Fortsetzung des Mobbens ernstliche Sanktionen des Betriebes unausbleiblich sind. Um als glaubwürdig zu gelten, müssen der Androhung bei weiterem Fehlverhalten des Mobbers auch Taten folgen.
- Einleitung arbeitsrechtlicher Schritte gegen den Mobber. Da Sie als Vertreter des Arbeitgebers darauf zu achten haben, dass der Arbeitsfrieden nicht beeinträchtigt wird, können Sie Fehlverhalten nach arbeitsrechtlichen Grundsätzen sanktionieren. Die im Einzelfall gebotenen rechtlichen Maßnahmen können sein:

- Verwarnung/Rüge
- Versetzung auf einen anderen Arbeitsplatz
- Änderungskündigung
- Abmahnung
- Kündigung

■ Versorgen Sie den Gemobbten mit den erforderlichen Informationen. Mit dem systematischen Vorenthalten von Informationen und dem Einschränken persönlicher Kontakte lässt man den Gemobbten in eine Versagerfalle tappen, die seine berufliche und persönliche Kompetenz erheblich in Zweifel zieht, sodass er sich bald auf ein Abstellgleis geschoben fühlt. Deshalb achten Sie darauf, dass alle Mitarbeiter gleichermaßen offen, sachlich und uneingeschränkt informiert werden.

Auf den Punkt gebracht
Im Falle von Mobbing kann kein Vorgesetzter aus der Verantwortung entlassen werden. Die grundgesetzlich verbriefte Würde des Menschen ist auch im Betrieb unantastbar! Durch frühzeitiges und zielgerichtetes Gegensteuern wird es einem Vorgesetzten bei Erkennen beginnender Mobbingaktivitäten gelingen, das Problem eher in den Griff zu bekommen, vorausgesetzt, er will es wirklich.

49. Mitarbeiter bietet sich Ihnen als Denunziant an

Berichtet Ihnen ein Mitarbeiter unaufgefordert von Dingen, die ein Kollege von sich gegeben hat? Liegt er Ihnen häufig mit Beschwerden über einen Kollegen in den Ohren? Weist er Sie immer wieder auf Fehler eines Kollegen hin? Scheut er auch nicht davor zurück, einen Kollegen in dessen Abwesenheit vor Ihnen lächerlich zu machen? Nun, zweifellos haben

Sie es mit einem Denunzianten zu tun, der einen Kollegen bei Ihnen anschwärzen will!

Es gibt immer wieder unangenehme Zeitgenossen, die auch nicht davor zurückschrecken, sich auf Kosten von Kollegen positiv in Szene zu setzen und diese in Misskredit zu bringen. Hüten Sie sich vor Anschuldigungen und Zuträgereien von Dritten („Chef, ich weiß etwas ...“). Da niemand mehr weiß, wem er vertrauen kann, ziehen sich die Mitarbeiter zurück und es entsteht eine Atmosphäre des Misstrauens. Zutreffend formuliert der Volksmund:

Vergiftete Arbeits-atmosphäre

„Der größte Schuft im ganzen Land, das ist und bleibt der Denunziant!“

Bilden Sie sich stets eine eigene möglichst unvoreingenommene Meinung und lassen Sie dafür den Denunzianten „abblitzen“, wobei Sie je nach Intensität und Häufigkeit abgestufte Reaktionen zeigen sollten:

Eigene Meinung bilden

- „Bevor Sie mich informieren, haben Sie diese Angelegenheit schon kollegial mit Frau X besprochen?“
- „Darüber möchte ich nichts wissen. Ich ziehe es vor, mir selbst ein Bild zu machen.“
- „Ich wäre Ihnen sehr dankbar, wenn Sie Ihre Aufmerksamkeit besser auf die Punkte richten würden, die Ihren Arbeitsbereich betreffen. Ich möchte nicht, dass hinter dem Rücken eines Mitarbeiters und hinter vorgehaltener Hand Informationen gegeben werden, die einen Mitarbeiter an den Pranger stellen und eine Verschlechterung des Arbeitsklimas auslösen. Sie wären sicherlich auch nicht froh, wenn Kollegen mich mit internen Informationen über Sie versorgen würden. Sind wir uns einig?“

50. Mitarbeiter erweist sich als Intrigant

Unter einer Intrige verstehen wir ein hinterlistig angelegtes Ränkespiel, mit welchem der Intrigant in der Regel Vorteile für sich herauszuschlagen versucht. Während der Denunziant Negatives weitermeldet, „organisiert" der Intrigant Tatbestände. So werden beispielsweise vorsätzlich falsche Andeutungen oder Beschuldigungen gegen einen Kollegen in Umlauf gebracht, um dessen Ruf zu schaden. Indem der Intrigant feige hinter dem Rücken seines Opfers Intrigen spinnt, meidet er die direkte Konfrontation mit dem von ihm Angegriffenen. Für diesen ist es fast aussichtslos, den Intriganten zu überführen und ihn für sein Tun zur Rechenschaft zu ziehen.

Gründe für Intrigenspiel

Mehrere Gründe mögen für ein verstärktes Intrigenspiel ausschlaggebend sein:

- Ein unzulänglich ausgeprägtes Informationssystem stellt einen üppigen Nährboden sowohl für Gerüchte als auch für Intrigen dar.
- Schwache Vorgesetzte schreiten gegen Intriganten nicht ein, sondern glauben, durch eigenes Intrigenspiel ihre Position zu stärken, indem sie einen Mitarbeiter gegen den anderen ausspielen.

- Werden Konflikte zwischen Mitarbeitern oder zwischen Vorgesetztem und Mitarbeitern nicht offen ausgetragen und „sozialverträglich" aufgearbeitet, sondern tabuisiert und unter den Teppich gekehrt, kommt der Intrige eine Ventilfunktion zu.
- Durch unklare Vorgaben sind Ziele, Aufgaben und Zuständigkeiten diffus, sodass Intriganten ein Feld geboten wird, in welchem sie ohne besonders aufzufallen agieren können.

Da das Intrigantentum in einem Betrieb wegen der damit verbundenen Reibungsverluste destruktiv und besonders gefährlich ist, muss ein Vorgesetzter aktiv werden, wenn der Verdacht auftritt, gewisse Vorfälle oder Ereignisse könnten Intrigen zur Ursache haben. Erkennen Sie in Ihrem Bereich Intrigantentum, beobachten Sie die Situation nicht tatenlos! Einerseits sollten Sie sich bemühen, durch entsprechende Maßnahmen die vorgenannten Gründe zu beseitigen. Andererseits sollten Sie im Rahmen einer Mitarbeiterbesprechung unmissverständlich aufzeigen, dass es sich in Ihrer Abteilung für niemanden lohnt, zu intrigieren. **Einschreiten erforderlich**

Haben Sie einen Intriganten aufgrund festgestellter Fakten (Daten, Zeugen, Nebenumstände) ausfindig gemacht, dann führen Sie mit ihm ein Gespräch unter vier Augen und verdeutlichen ihm, dass er mit seinem Verhalten gegen die Betriebsmoral verstößt und das Prinzip der kollegialen Zusammenarbeit missachtet. Indem Sie den Intriganten mit den von Ihnen gesammelten unwiderlegbaren Beweisen konfrontieren, wird Ihnen der Missetäter mit fadenscheinigen Ausflüchten kaum noch den Wind aus den Segeln nehmen können. Fragen Sie ihn auch nach den Beweggründen seines Handelns, um zu helfen, nunmehr erkannte ungelöste Konflikte zu bereinigen. Zumeist werden Intriganten ihre Versuche aufgeben, Unfrieden zu stiften, sobald sie nicht mehr anonym agieren können. Stören sie jedoch weiterhin als no- **Umgang mit dem Intriganten** torische Sünder mit hinterhältigen Machenschaften die vertrauensvolle Zusammenarbeit, sollten Sie sich von ihnen so schnell wie möglich trennen, um weiteres Unheil zu vermeiden.

Meiden Sie einen nahen Kontakt zu einem Intriganten. Andere Mitarbeiter könnten Sie als Parteigänger des Intriganten einordnen und Sie mit dessen Hinterhältigkeiten in Verbindung bringen. Bei zu großer Nähe könnte er Ihre Schwachstellen besser ausloten und Sie möglicherweise in seine destruktiven Machenschaften einbeziehen.

Auf den Punkt gebracht

Intriganten meiden zumeist das Licht der Öffentlichkeit. Indem Sie sie auf ihr Fehlverhalten ansprechen, entlarven Sie ihr unverzeihliches Tun und sorgen für eine Verhaltensänderung. Lässt der Intrigant dennoch nicht von seinem verabscheuungswürdigen Vorgehen ab, nutzen Sie Ihre Sanktionsmöglichkeiten (siehe Seite 233).

Weiterführende Literatur

Altmann, Gerhard u.a.: Mediation: Konfliktmanagement für moderne Unternehmen, Weinheim: Beltz-Verlag 2004

Comelli, Gerhard u.a.: Führung durch Motivation, München: Vahlen-Verlag 2003

Czichos, Reiner: Coaching = Leistung durch Führung, Basel/München: Ernst Reinhardt Verlag 2002

Faerber, Yvonne; Stöwe, Christian: Karrierefaktor Mitarbeiter führen, Planegg: Haufe Verlag 2004

Fröhlich, Peter: Kritisieren, aber richtig, München: Neuer Merkur Verlag 2006

Graichen, Winfried u.a.: Das ABC der Arbeitsfreude, Offenbach: GABAL Verlag 2001

Hugo-Becker, Annegret u.a.: Motivation, München: dtv 1997

Jäger, Roland: Kompetent führen in Zeiten des Wandels, Weinheim: Beltz Verlag 2004

Kratz, Hans-Jürgen: 30 Minuten für konstruktives Kritisieren und Anerkennen, Offenbach: GABAL Verlag 2007

Kratz, Hans-Jürgen: Chef-Checkliste Mitarbeiterführung, Regensburg: Walhalla Fachverlag 2007

Kratz, Hans-Jürgen: Ihre erste Regierungserklärung als neuer Chef, Regensburg: Metropolitan Verlag 2005

Laufer, Hartmut: Grundlagen erfolgreicher Mitarbeiterführung, Offenbach: GABAL Verlag 2007

Maro, Fred: Delegieren oder durchhalten, Regensburg: Walhalla Fachverlag 2002

Montamedi, Susanne: Konfliktmanagement, Offenbach: GABAL Verlag 1999

Mucchielli, Roger: Das nicht-direktive Beratungsgespräch, Salzburg: Otto Müller Verlag 1972

Withauer, Klaus F.: Menschen führen, Grafenau-Döffingen: Lexika-Verlag 2002

Zuschlag, Berndt: Mobbing: Schikane am Arbeitsplatz, Göttingen: Verlag für Angewandte Psychologie 2001

Stichwortverzeichnis